स्पीड
Calculation

स्पीड Calculation

(गणित में असीम सफलता पाएँ)

गौरव टेकरीवाल

प्रभात
पेपरबैक्स
www.prabhatbooks.com

प्रकाशक

प्रभात पेपरबैक्स

प्रभात प्रकाशन प्रा. लि. का उपक्रम

4/19 आसफ अली रोड, नई दिल्ली–110002

फोन : 23289777 • हेल्पलाइन नं. : 7827007777

इ–मेल : prabhatbooks@gmail.com ❖ वेब ठिकाना : www.prabhatbooks.com

संस्करण

2022

अनुवाद

मनीषा शर्मा

मूल्य

तीन सौ रुपए

मुद्रक

आर–टेक ऑफसेट प्रिंटर्स, दिल्ली

SPEED CALCULATION

by Shri Gaurav Tekriwal

(Hindi translation of MATHS SOOTRA)

Published by **PRABHAT PAPERBACKS**

An imprint of Prabhat Prakashan Pvt. Ltd.

4/19 Asaf Ali Road, New Delhi-110002

by arrangement with Penguin Random House India Pvt. Ltd.

ISBN 978-93-5266-351-4

₹ 300.00

मेरी माँ मधु टेकरीवाल को,
उनके निस्स्वार्थ प्रेम, सहयोग, उत्साहवर्धन
और
मार्गदर्शन के लिए समर्पित

प्रस्तावना

भारत स्वर्णिम विरासत वाला देश है। इसने विश्व को योग (जो अब करोड़ों डॉलर का उद्योग बन गया है), आयुर्वेद (एक और कई करोड़ डॉलर वाला उद्योग) और चिकन टिक्का (अरबों डॉलर वाला एक स्वाद!) जैसे रत्न दिए हैं।

दुनिया भर में भारतीयों का सम्मान क्रिकेट और गणित के उत्कृष्ट कौशल के लिए किया जाता है। वैसे भी, हमने ही सचिन, शून्य और दशमलव प्रणाली की खोज की है।

इस पुस्तक का संबंध दशमलव प्रणाली का सचिन बनने और सीमित समय वाली प्रतियोगिता परीक्षाओं में गणित के सूत्रों के माध्यम से ऊँचे अंक प्राप्त करने से है।

गणित सूत्र ऐसे गुप्त रहस्य हैं, जिनकी सहायता से 5000 वर्ष पूर्व प्राचीन भारतीयों ने अपना कमाल दिखाया था। दुनिया इस प्रणाली को भूल चुकी थी, लेकिन पचास वर्ष पूर्व, दक्षिण भारत के जंगलों में एक विद्वान् ने इसकी खोज की और इस कारण इसे बीसवीं सदी की घटना भी कहा जा सकता है।

गणित के इन सूत्रों में ऐसी शक्ति है कि वे आपकी गणनाओं में तेजी ला सकते हैं, आपका आत्मविश्वास बढ़ा सकते हैं और गणित को मजेदार तथा दिलचस्प बना सकते हैं। वे पढ़ाई में आपकी सहायता उसी तरह करेंगे, जिस तरह पतंजलि के योग सूत्र किसी के स्वास्थ्य को बेहतर बनाने में करते हैं और वात्स्यायन के 'कामसूत्र' में छिपा प्राचीन ज्ञान, प्रेम के क्षेत्र में किसी के काम आता है।

आखिर ये सूत्र क्या हैं? इनका स्रोत क्या है? चलिए, इस विषय में थोड़ा और जानते हैं।

हम सब जानते हैं कि भारतीय सभ्यता विश्व की प्राचीनतम सभ्यताओं में से एक है। भारतीय ऋषि-मुनियों ने अपने संचित ज्ञान को मौखिक रूप से एक पीढ़ी से दूसरी पीढ़ी तक ऐसे कोड की मदद से पहुँचाया, जो अर्थ की विभिन्न परतों को खोलते हैं। उन्होंने संस्कृत में वेदों के रूप में चार ग्रंथों की रचना की, जिसका अर्थ है—ज्ञान।

ऋग्वेद, यजुर्वेद और सामवेद में प्रकृति के देवी-देवताओं के प्रति समर्पित ऋचाएँ हैं, जबकि चौथे अथर्ववेद में जादू-टोना, मंत्र और काल्पनिक स्रोत हैं। तीर्थजी के अनुसार, इन प्राचीन ग्रंथों में ही गणित सूत्र कूटबद्ध रूप में मिलते हैं।

भगवान् कृष्ण के प्रति समर्पित इस गीत को देखें—

गोपीभाग्यमधुव्रात
श्रुडिशोदधिसन्धिग
खलजीवितखाताव
गलहालारसंधर

इसका शाब्दिक अनुवाद इस तरह है : ग्वालिनों के द्वारा दही के अभिषेक से पूजे गए प्रभु (कृष्ण)/ हे पतितों के तारनहार/ हे शिव के स्वामी/ कृपया मेरी रक्षा कीजिए।

लेकिन जब आप अंक संबंधी कोड और मुख्य कुंजी को लागू करेंगे, तब आपको पाई का मूल्य, दशमलव के 32वें स्थान पर मिलेगा।

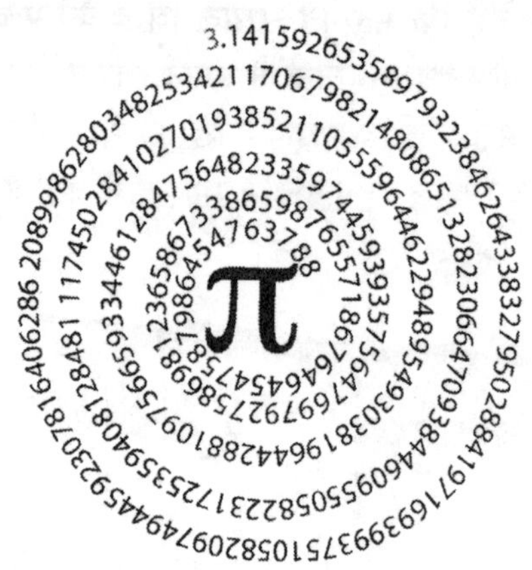

यह हैरान करनेवाला है, है न? गणित सूत्रों में ऐसी ही शक्ति होती है, जो वैदिक गणित के रूप में भी लोकप्रिय है।

सूत्र मूल विचार हैं, जो मौखिक या लिखित रूप में संक्षिप्त और स्मरणीय रूप में रहते हैं। गणित सूत्र मूल रूप से संक्षिप्त गणितीय सूत्र हैं, जिनका उपयोग अंकगणित और बीजगणित में किया जाता है। तीर्थजी ने इनमें से सोलह की खोज फिर से की थी।

लेकिन प्रौद्योगिकी के इस युग में इन सूत्रों की प्रासंगिकता क्या है?

साल-दर-साल इन गणित सूत्रों का दायरा विस्तृत होता जा रहा है, क्योंकि दुनिया भर में गणित से जुड़नेवाले छात्रों की संख्या बढ़ती जा रही है। इससे एक पूर्णकालिक संख्यात्मक संकट पैदा हो गया है। मैं यहाँ कुछ चौंकानेवाले आँकड़े पेश कर रहा हूँ—

भारत में पाँचवीं कक्षा के कुल छात्रों में से 75.2 प्रतिशत विभाजन (तीन अंकों को एक से) नहीं जानते। (स्रोत : प्रथम द्वारा ए.एस.ई.आर. 2012)

भारत में तीसरी कक्षा के कुल छात्रों में से 73.7 प्रतिशत घटाव (हासिल लेकर दो अंकों वाले प्रश्न) नहीं जानते। (स्रोत : प्रथम द्वारा ए.एस.ई.आर. 2012)

ब्रिटेन की लगभग आधी वयस्क आबादी के पास ग्यारह वर्षीय या उससे भी कम उम्र के बच्चे को जितना गणित का कौशल है। इसका मतलब है सिर्फ यू.के. में ही 1 करोड़ सत्रह लाख वयस्क। (स्रोत : टेलीग्राफ, यू.के.)

दक्षिण अफ्रीका की नेशनल सीनियर सर्टिफिकेट परीक्षा में गणित में 46.3 प्रतिशत छात्र ही पास हो पाते हैं। उस देश में गणित एक राष्ट्रीय आपदा के समान है।

कई देशों में गणित ने ऐसा ही भय का माहौल बना रखा है। दुनिया भर में अधिकांश बच्चे गणित के सवाल हल नहीं कर पाते।

यहीं वैदिक गणित की सरलता व सहजता काम आती है और प्रबंधन, इंजीनियरिंग, बैंकिंग, वित्त तथा कानून के क्षेत्र में उनसे जुड़ी परीक्षाओं में सफलता प्राप्त कर कॅरियर बनाना संभव होता है।

गणित के सूत्र हर किसी के लिए संभावनाओं का द्वार खोल देते हैं। ऐसे प्रश्न, जो कभी कठिन और डरावने लगते थे, बच्चों का खेल बन गए हैं। ये सूत्र दिखाते हैं कि गणित के जो प्रश्न शुरुआत में अबूझ और अविश्वसनीय लगते हैं, उन सभी के पीछे तार्किक सिद्धांत रहते हैं।

आप जब उनका उपयोग करेंगे तो पाएँगे कि अधिकांश सूत्र एकदम प्रत्यक्ष दिखनेवाले हैं। उदाहरण के लिए, खड़े और आड़े सूत्र को ही ले। इस विधि का विस्तार बड़े गुणनों और यहाँ तक कि दो अंकों से दो अंकों वाले गुणन के लिए भी किया जा सकता है। दृश्य यानी दिखनेवाली विधि के कारण सूत्रों को याद करना और उपयोग में लाना एकदम आसान हो जाता है।

पिछले पंद्रह वर्षों से वैदिक गणित के क्षेत्र में मेरी यात्रा अत्यंत दिलचस्प रही है। इस यात्रा में न सिर्फ मेरा परिचय कुछ बेहद दिलचस्प लोगों से हुआ

है, बल्कि मुझे सात समंदर पार दुनिया भर की यात्रा करने का भी अवसर मिला है। मैं जहाँ भी गया, चाहे मुंबई के धारावी के बच्चे हों या दक्षिण अफ्रीका के केपटाउन का विशाल कसीनो या फिर न्यूयॉर्क का वॉल स्ट्रीट, मैंने पाया कि उन सभी को एक सूत्र ने पिरोया है, और वह है—वैदिक गणित।

धारावी के किसी भी बच्चे के लिए वैदिक गणित, जीवन के निर्वाह का कौशल है, क्योंकि उस बच्चे से एकदम छोटी उम्र से ही आजीविका अर्जित करने की अपेक्षा की जाती है। इसी प्रकार, कसीनो डीलर्स के लिए जोड़-घटाव में तेजी रखना उनके धंधे का हिस्सा है और शेयर बाजार के लोगों को क्षण भर में फैसले लेने के लिए उनकी जरूरत पड़ती है।

लोगों को एक बड़ी वजह से गणित से चिढ़ होती है, सही सूचना की कमी। अगर गणितीय सिद्धांतों को सही तरीके से समझाया जाए और अवधारणाओं को पूरी लगन के साथ पढ़ाया जाए तो गणित को लेकर किसी तरह का कोई फोबिया नहीं होगा तथा यह हँसी-खेल और भी दिलचस्प बन जाएगा! यह पुस्तक उस दिशा में ही एक कदम है और पर्याप्त उदाहरणों के अभ्यास के साथ ही सारी बातों को स्पष्ट रूप से बताया गया है।

यह पुस्तक उन्नीस अध्यायों में विभाजित है और प्रत्येक अध्याय एक अलग विषय से संबंधित है, जिसमें अवधारणाओं के साथ ही उनके उपयोग के बारे बताया गया है। प्रत्येक विषय अपने आपमें अलग है और उसका अध्ययन अलग से पूरी पुस्तक को पढ़े बिना किया जा सकता है, जिससे यह एक आसान रेफरेंस मैनुअल बन जाती है।

ऐसी कामना है कि गणित के सूत्रों की शक्ति और उनका प्रभाव आप पर दिखे तथा आप जिस संस्थान में प्रवेश का सपना देख रहे हैं, वहाँ आपकी सीट पक्की हो जाए!

तो चलिए, बिना देरी किए शुरू करते हैं।

आभार

मैं अपने गुरु, उड़ीसा में पुरी के परमपावन जगद्गुरु शंकराचार्य श्री निश्छलानंद सरस्वतीजी के प्रति उनके आशीर्वाद, मार्गदर्शन तथा प्रेरणा के लिए आभार प्रकट करता हूँ।

मैं उन सभी लोगों को धन्यवाद देना चाहूँगा, जिन्होंने इस पुस्तक की रचना में मेरी सहायता की। मेरे माता-पिता, जिन्होंने मुझ पर बिना शर्त प्रेम की वर्षा की और लगातार उत्साहवर्धन किया तथा मेरी पत्नी श्री, जिन्होंने मुझ पर अटूट विश्वास किया तथा मेरी रचना की कठोर आलोचक रहीं। और बेशक, मिराया, मेरी एक वर्षीय ऊर्जा की पुड़िया भी धन्यवाद की पात्र है, जिसने अपने खेल के समय में भी मुझे अपना काम करने की इजाजत दी।

मैं अपने दोस्तों वरुण पोद्दार और अभिषेक अग्रवाल का भी 'स्पीड Calculation' को एक ग्लोबल ब्रांड बनाने में प्रेरक चर्चा के लिए धन्यवाद देना चाहूँगा।

पिक्टोफी डॉट कॉम का भी इस पुस्तक के लिए सही समय पर चित्रों को उपलब्ध कराने के लिए बहुत-बहुत धन्यवाद।

अनुक्रम

1

गुणन (गुणा)

जनवरी, 2015 में बिट्स पिलानी की केमिकल इंजीनियरिंग की छात्रा, नेहा मांगलिक ने सुर्खियाँ बटोरी थीं। वे पहली छात्रा थीं, जिन्होंने CAT 2014 परीक्षा में 100 प्रतिशत अंक प्राप्त किए थे। उनका पहला इंटरव्यू 'इंडिया टुडे' के साथ था, जिसमें उन्होंने माना कि उनके अच्छे अंक-प्राप्ति के लिए वैदिक गणित ने बहुत मदद की।

तब तक यह बात अनसुनी थी। नेहा ने गणितीय सूत्र की सहायता से जो प्राप्त किया था, वह भारत के लाखों विद्यार्थियों का सपना है। वैदिक गणित आपको आपके सपने प्राप्त करने में मदद करता है, इसलिए गणितीय सूत्र प्रसिद्ध हो रहा है।

अब हम एक प्रसिद्ध सूत्र गुणन—गुणन की आधार विधि को समझने का प्रयत्न करेंगे।

वैदिक गणित में गुणन के प्रायः दो प्रकार होते हैं—पहला, जो कि केवल विशेष परिस्थिति में उपयोग किया जाता है तथा दूसरा सभी परिस्थितियों में उपयोग किया जाता है। पहला प्रकार बहुत महत्त्वपूर्ण है, क्योंकि यह सरल है तथा जल्दी हल हो जाता है। दूसरा प्रकार इसलिए महत्त्वपूर्ण है, क्योंकि इसका प्रयोग तब किया जा सकता है, जब पहला प्रकार उपयोगी न हो। इस अध्याय में हम गुणन के दोनों प्रकार का विस्तृत अध्ययन करेंगे।

गुणन की आधार विधियाँ

गुणन की यह विधि 10 की नजदीक घातों, जैसे—10, 100, 1000, 10000 आदि के गुणन के लिए प्रयोग की जाती है।

प्रारंभ में हम एक-अंकीय संख्याओं के गुणन के मौलिक गुणों का अध्ययन करेंगे; परंतु शीघ्र ही हम एक-अंकीय संख्याओं के गुणन के पूर्ण अध्ययन के पश्चात् द्वि-अंकीय तथा त्रि-अंकीय गुणन को भी आसानी से हल कर सकेंगे।

अतः 9 × 8 के गुणन से प्रारंभ करते हैं। हम जानते हैं कि इसका उत्तर 72 होगा। यह कोई रॉकेट विज्ञान है। परंतु, मैं कह सकता हूँ, पहले हम एक-अंकीय संख्याओं के मौलिक गुणों का अध्ययन कर ही बड़े अंकों की संख्याओं पर जाएँ। अतः आप समझें—

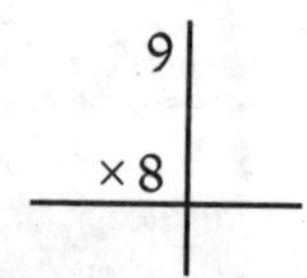

पद-1 : पहली बात ध्यान रखने की है कि दोनों संख्याएँ 10 के बहुत नजदीक हैं। अतः हमारा आधार 10 होगा।

संख्या 9, संख्या 10 से 1 कम है। अतः हम दाईं तरफ –1 लिखेंगे। सामान्यतः, संख्या 8 के लिए –2, क्योंकि यह संख्या 10 से 2 कम है।

9	–1
× 8	–2

पद–2 : अब हम पहला नियम प्रयोग करेंगे। हम चिह्नानुसार जोड़ या घटाव करेंगे। यहाँ हम घटाव करेंगे, क्योंकि चिह्न घटाव का है। अतः 9 – 2 = 7 अन्यथा 8 – 1 = 7। दोनों ओर घटाव से हमें बाएँ पक्ष का अंक 7 प्राप्त होता है।

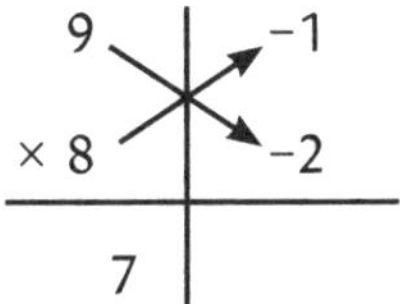

टिप : यहाँ हम 9 – 2 या 8 – 1 = 7, इच्छानुसार प्राप्त कर सकते हैं, जो हमें आसान लगे। अब आगे चलते हैं।

पद–3 : अंतिम पद में हम दूसरे नियम का प्रयोग करेंगे—दाएँ पक्ष का लम्बवत् गुणन। अतः यहाँ हम –1 तथा –2 को गुणा करेंगे, जो +2 प्राप्त होता है। इकाई स्थान पर हम 2 लिखेंगे और हमारा अभीष्ट उत्तर 72 प्राप्त होगा।

9	–1
× 8	–2
7	2

अब हम दूसरे प्रश्न को गुणन की आधार विधि को पुनः समझने हेतु हल करेंगे।

अब हमारा प्रश्न 8 × 7 है। हम पिछले प्रश्न की तरह इस प्रश्न को लिखते हैं।

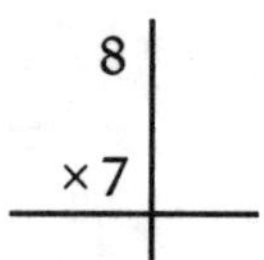

पद–1 : हम अपना आधार 10 लेते हैं, क्योंकि दोनों संख्या इसके निकटवर्ती हैं। संख्या 8, संख्या 10 से 2 कम है, अत: दाईं तरफ हम –2 लिखते हैं। सामान्यत: संख्या 7, संख्या 10 से 3 कम है, अत: हम दाईं तरफ –3 लिखते हैं।

8	–2
× 7	–3

पद–2 : प्रथम नियमानुसार हम चिह्नानुसार जोड़ या घटाव करते हैं। 8 – 3 = 5 है। हम 7 – 2 भी कर सकते हैं, जिससे हमें उत्तर की पहली संख्या 5 प्राप्त होती है।

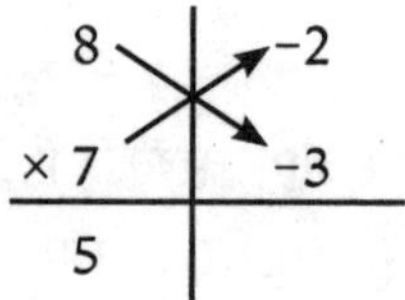

पद–3 : अंत में हम लम्बवत् दाईं तरफ गुणा करते हैं, जिससे –2 तथा –3 का गुणनफल + 6 प्राप्त होता है। हम 6 को इकाई स्थान पर लिखते हैं, अत: हमें अभीष्ट उत्तर 56 प्राप्त होता है।

8	–2
× 7	–3
5	6

अब हम महत्त्वपूर्ण एक–एक अंकीय गुणन समस्याओं को लेते हैं। हम 7 × 6 का गुणन करते हैं। यहाँ हम इसका हल ज्ञात करना जानते हैं।

सर्वप्रथम हम संख्याओं को उसी क्रम में लिखते हैं जो हमने सीखा है।

7	
× 6	

पद–1 : दोनों संख्याएँ आधार 10 के नजदीक हैं। संख्या 7 संख्या 10 से 3 कम है और संख्या 6 संख्या 10 से 4 कम है। अतः स्थिति के अनुसार हम –3 तथा –4 लिखते हैं।

7	–3
× 6	–4

पद–2 : प्रथम नियमानुसार : संख्याओं का वज्र जोड़ या घटाव उनके चिह्नानुसार करेंगे। 7 – 4 = 3 है। हम 6 – 3 भी कर सकते हैं, जो कि हमारे उत्तर की प्रथम संख्या 3 देता है।

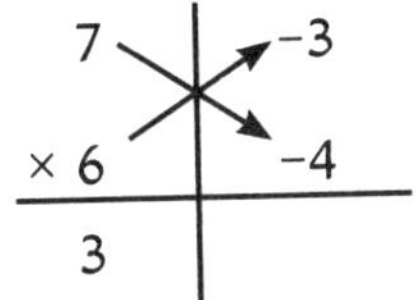

पद–3 : हम लंबवत् –3 तथा –4 को गुणा करते हैं, जिससे 12 प्राप्त होता है। अब यहाँ हम अपना महत्त्वपूर्ण स्थानांतरण नियम प्रयोग करते हैं, क्योंकि द्वि–अंकीय संख्या प्राप्त होती है। स्थानांतरण नियमानुसार यदि आधार में शून्य की संख्या *'n'* प्राप्त होती है, तब दाईं तरफ अंकों की संख्या *n* प्राप्त होगी। इस परिस्थिति में हमारा आधार 10 है, अतः हमें एक शून्य प्राप्त होता है, अतः दाईं तरफ केवल अंकीय संख्या प्राप्त होगी। अन्य संख्या हासिल के रूप में लिखी जाती है।

अतः यहाँ दाईं तरफ संख्या 12 है। हम शेष 2 को इकाई स्थान पर लिखते हैं तथा 1 को हासिल के रूप में 3 में जोड़ते हैं। 3 + 1 = 4, जो कि दहाई स्थान पर आएगा। अतः हमारा अभीष्ट उत्तर 42 है।

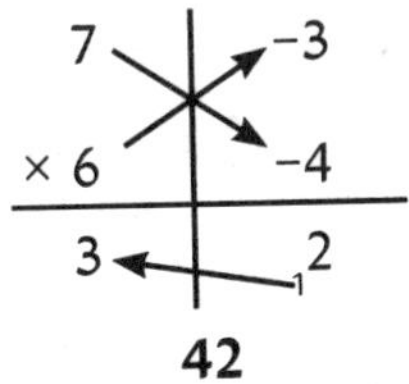

42

नोट : यह स्थानांतरित नियम सभी आधार, जैसे—100, 1000, 10000

आदि पर उपयोगी होता है।

कुछ सालों पहले मैं गणितीय रिसर्च के लिए दक्षिण अफ्रीका में था। मैंने चौदह वर्ष के एक बच्चे से पूछा कि 8 बार 7 कितने होते हैं? उसने मुझे देखा, तत्पश्चात् उसने अपनी अभ्यास पुस्तिका खोली और गोले बनाने प्रारंभ कर दिए। मैंने ध्यान दिया कि उसने आठ गोले बनाए, फिर उसने आठ गोले बनाए, ऐसा उसने सात बार किया, उसने 56 गोले बनाए। तब उसने गोले गिनने प्रारंभ किए और गलत उत्तर 54 दिया।

मैंने आश्चर्य से देखा कि उसने क्या प्रक्रिया और क्यों उपयोग में ली?

कुछ अध्यापकों से बातचीत के बाद मैंने देखा कि दक्षिण अफ्रीका जैसा देश गणित के इस तरह पढ़ाए जाने वाले तरीकों के कारण परेशानी में है। वहाँ इसके कई कारण हैं। तब मैंने निश्चय किया कि मैं इस बच्चे को मूलभूत गणित पढ़ाऊँगा। मैंने जब उसे यह तरीका बताया तो उस बच्चे का व्यवहार आश्चर्यजनक था। तब उसने मुझसे पूछा कि क्या यह तरीका अन्य संख्याओं पर भी उपयोगी है और मैंने उसे कहा, 'ज्यादातर' और अन्य प्रश्न भी हल करके दिखाए।

वह पूरी तरह से अचंभे में था, जब मैंने उसे बड़ी संख्याओं का गुणन इस विधि से करके बताया। 99×97

अब हम 99 × 97 का गुणनफल ज्ञात करते हैं। यहाँ आधार 100 है, क्योंकि 99 एवं 97, 100 के समीप हैं ! अतः हम पहले की तरह लिखते हैं—

99	
×97	

पद–1 : 99 हमारे आधार 100 से 1 कम है। अतः हम दाईं तरफ –01 लिखेंगे। सामान्यतः 97, 100 से 3 कम है, तो हम –01 के नीचे दाईं तरफ –03 लिखेंगे। ध्यान रहे, हमने –01 तथा –03 लिखा है, क्योंकि हमारा आधार 100 है और 100 में दो शून्य होते हैं। अतः दाईं तरफ दो शून्य होने चाहिए।

99	–01
× 97	–03

पद–2 : हम चिह्न के अनुसार वज्र में जोड़ अथवा घटाव करेंगे। अतः हम 99 – 03 अथवा 97 – 01 करेंगे, जिससे हमें 96 प्रथम उत्तर प्राप्त होगा।

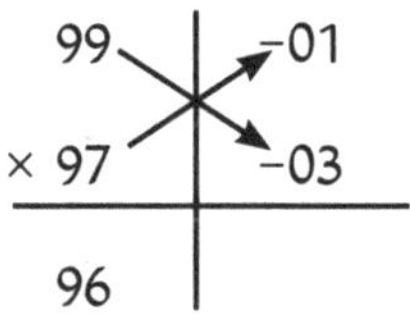

पद–3 : अंतिम पद में हम लंबवत् गुणन करते हैं। हम –01 तथा –03 को गुणा करते हैं, जो 03 प्राप्त होता है। अतः हमारा उत्तर 9603 है। 3 के पहले शून्य जोड़ना महत्त्वपूर्ण है, चूँकि स्थानांतरण नियमानुसार हमारा आधार 100 है, अतः दाईं तरफ दो शून्य अवश्य होने चाहिए। अतः हमारा उत्तर 9603 है।

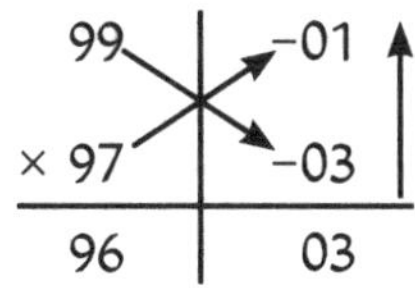

अब हम दूसरे प्रश्न के साथ इसी विधि का उपयोग करेंगे। उदाहरण—96 × 98 लेते हैं।

हल करने से पहले हम निम्नानुसार लिखेंगे—

96	
× 98	

पद–1 :

96	–04
× 98	–02

पद–2 :

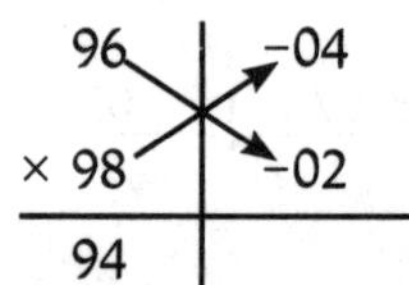

पद–3 :

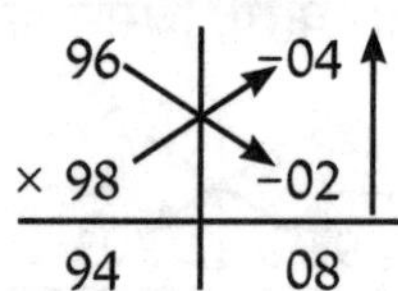

अभी तक हमने सरल प्रश्न हल किए। अब हम हासिलवाला प्रश्न हल करते हैं। उदाहरण—89 × 88

पहले हम प्रश्न को उचित रूप में लिखते हैं—

89	
× 88	

पद–1 :

89	–11
× 88	–12

पद–2 :

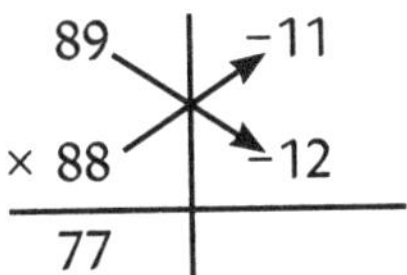

पद–3 :

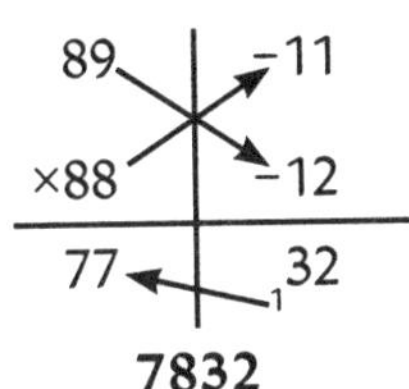

7832

टिप : आप 11 व 12 का गुणन दिमाग से '11 के गुणन' विधि से भी कर सकते हैं। 11 बार 12, 132 है।

अब हम इस विधि से अवगत हो गए हैं, अब हम आधार 1000 के गुणन को देखते हैं।

998 × 997 का गुणनफल ज्ञात करते हैं—

सर्वप्रथम प्रश्न का उचित निरूपण करते हैं—

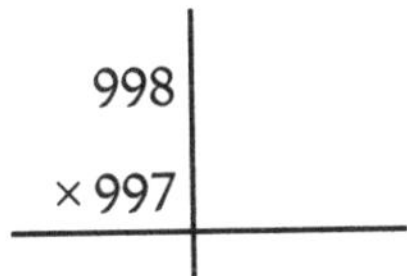

पद–1 : यहाँ आधार 1000 है। अब हम 998 तथा 997 का 1000 से अंतर लेते हैं। यह अंतर क्रमशः –002 तथा –003 प्राप्त होता है। यह हम उचित स्थान पर लिखते हैं।

998	–002
× 997	–003

पद–2 : अब हम वज्र घटाव करते हैं, जो कि हमें 998 – 003 = 995 प्राप्त होता है। हम 997 – 002 = 995 भी प्राप्त कर सकते हैं। दोनों से उत्तर

995 प्राप्त होता है। हम 995 को पहले उत्तर के रूप में प्राप्त करते हैं।

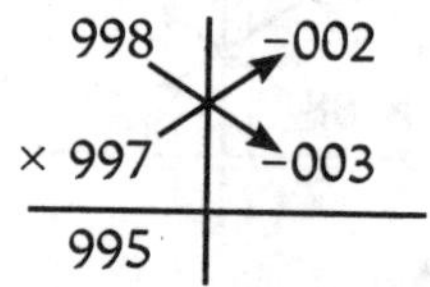

पद–3 : अब हम लंबवत् गुणन करते हैं। –002 तथा –003 का गुणनफल 006 प्राप्त होता है। हम 006 को द्वितीय उत्तर संख्या के रूप में लिखते हैं। यहाँ स्थानांतरण नियम को ध्यान में रखते हैं। हम साधारण 6 न लिखकर 006 लिखते हैं, क्योंकि हमारा आधार 1000 है, जिसमें तीन शून्य हैं।

998	–002
×997	–003
995	006

अत: हमारा अभीष्ट उत्तर 995006 है।

अब हम दूसरा प्रश्न करते हैं। उदाहरण 123 × 999

123	
×999	

पद–1 : यहाँ हम 1000 में से 123 को घटाते हैं। मैं तजुर्बे से कह सकता हूँ, आपको दिमाग से इस प्रश्न को हल करने में कठिनाई होगी। इस बिंदु पर चीजों को सरल करने के लिए मैं एक गणितीय सूत्र '9 से सब तथा 10 से अंतिम' को प्रस्तुत करता हूँ।

इस सूत्र से यह ज्ञात होता है कि जब हम किसी भी संख्या को 10 की घात से घटाते हैं, तब हमें सारी संख्या 9 से तथा अंतिम संख्या 10 से घटाते हैं। अत: 123 की स्थिति में, हम 1 और 2, 9 में से तथा अंतिम संख्या 3, 10 में से घटाते हैं। तब 9 – 1 = 8 और 9 – 2 = 7 तथा 10 – 3 = 7 प्राप्त होता है। हम 1000 – 999 = 1 भी कर सकते हैं। अत: हमें –001 भी प्राप्त होता है।

अब हमारा प्रश्न निम्नानुसार दिखता है—

123	−877
× 999	−001

पद-2 : अब वज्र घटाव करते हैं। 123 − 001 = 122 तथा 999 − 877 = 122 प्राप्त होता है।

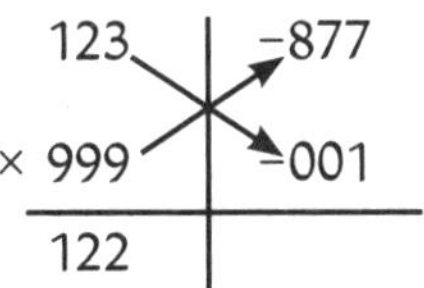

पद-3 : अंतिम पद में हम दाएँ पक्ष का लंबवत् गुणनफल ज्ञात करते हैं। अत:, −877 × −001 = 877

अत: हमारा उत्तर 122877 है।

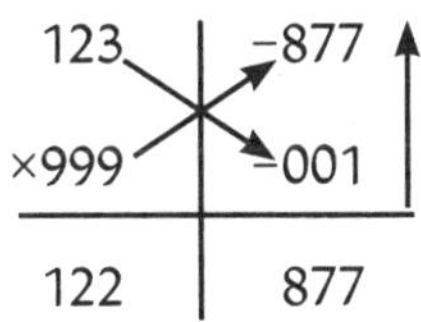

अत: अभीष्ट उत्तर 122877 प्राप्त होता है।

अब हम ऐसा प्रश्न लेते हैं जिसके सभी अंक भिन्न हैं।

हम 1234 × 9999 ज्ञात करते हैं। अब हम '9 से सब तथा 10 से अंतिम' सूत्र से इस प्रश्न को आसानी से हल करते हैं।

पद-1 :

1234	
× 9999	

प्रश्न को देखते हुए हम तुरंत '9 से सब तथा 10 से अंतिम' सूत्र का प्रयोग करते हैं। यहाँ आधार 10000 है। अत: 10000−1234 = 8766

यहाँ हम 8766 कैसे ज्ञात करेंगे ?

9 − 1 = 8

9 − 2 = 7

9 − 3 = 6 तथा अंतिम में

10 − 4 = 6

इसी तरह 9999 से हमें −0001 प्राप्त होता है। अत:

1234	−8766
× 9999	−0001

पद–2 : हम वज्र घटाव कर पहला उत्तर प्राप्त करते हैं। 1234 − 0001 = 1233 या 9999 − 8766 = 1233 अत: 1233 प्रथम उत्तर है।

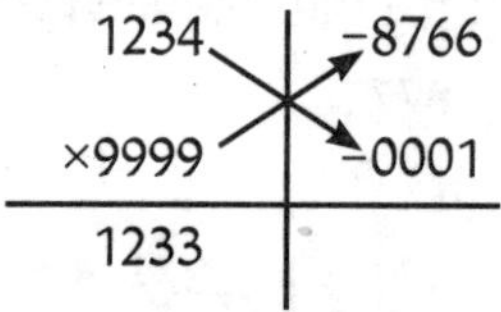

पद–3 : अंत में हम लंबवत् गुणा करते हैं। अत: −8766 × −0001 = 8766। यह दूसरा उत्तर होता है। संयुक्त रूप से अभीष्ट उत्तर 12338766 प्राप्त होता है।

1234	−8766
× 9999	−0001
1233	8766

आधार के अतिरिक्त

हमने ऐसे गुणन प्राप्त किए, जिनका आधार 10,100,1000 आदि हैं। अब हम ऐसे प्रश्न हल करेंगे, जिनका आधार इससे अलग है।

जब मुझे TED Youth@New York में वैदिक गणित पर बोलने का अवसर प्राप्त हुआ, तब मैंने आधार प्रणाली का चयन किया, जो अन्य प्रणालियों से सरल थी और थोड़ा दिमाग लगाकर हल की जा सकती है। इसके उपयोग से विद्यार्थी केवल जोर–जोर से बोलकर 100 से अधिक संख्या या 1000 के

स्क्वायर निकाल सकते हैं। और यह कुछ भी नहीं; केवल एक सरल तकनीक है, जो मैं आपको बताने जा रहा हूँ।

हम 12 ×13 का गुणन करेंगे।

पूर्वानुसार प्रश्न का उचित निरूपण करेंगे—

12	
× 13	

पद–1 : यहाँ हम आधार से अधिक अंक ज्ञात कर लिखेंगे। अतः 12 आधार 10 से 2 अधिक है, इसलिए हम +2 लिखेंगे तथा 13 के लिए +3 लिखेंगे, क्योंकि 13 आधार 10 से 3 अधिक है।

12	+2
× 13	+3

पद–2 : यहाँ हम वज्र जोड़ करेंगे, क्योंकि अंक आधार से अधिक है। अत: हमें 12 + 3 = 15 प्राप्त होगा, जो उत्तर का प्रथम भाग है। हम 13 + 2 = 15 भी जोड़ सकते हैं।

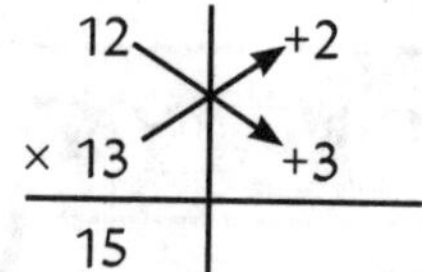

पद–3 : अब हम लंबवत् गुणा करेंगे, जो कि +2 × +3 = +6 प्राप्त होता है, यह अभीष्ट उत्तर का दूसरा भाग है। अत: हमारा अभीष्ट उत्तर 156 है।

12	+2
13	+3
15	6

मेरे अनुसार यह काफी सरल तथा एक पंक्ति में हल हो सकता है। हम अब 100 या 1000 के वर्ग से पहले हासिलवाले प्रश्न हल करेंगे।

यहाँ हम 18 × 19 ज्ञात करते हैं। हम प्रश्न का उचित निरूपण करते हैं—

18	
× 19	

पद–1 : यहाँ आधार 10 है। अत: दाईं तरफ 10 से अधिक अंक लिखते हैं। 18 के लिए +8 तथा 19 के लिए +9 लिखते हैं।

18	+8
× 19	+9

पद–2 : हम वज्र जोड़ की सहायता से पहला उत्तर प्राप्त करते हैं। 18 + 9 = 27। हम 19 + 8 = 27 भी प्राप्त कर सकते हैं।

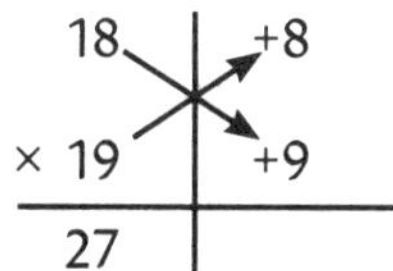

पद-3 : हम दाएँ पक्ष पर लंबवत् गुणा करेंगे। 8 बार 9, 72 होता है। अब हम स्थानांतरण नियम का प्रयोग करेंगे। चूँकि आधार 10 है और आधार 10 में एक शून्य होता है। अत: दाएँ पक्ष में केवल एक अंक होना चाहिए। अन्य संख्या को हम बाईं तरफ हासिल के रूप में प्रयोग करते हैं।

अत: यहाँ हम 7 को बाईं तरफ लेते हैं और 27 में जोड़ते हैं। 27 + 7 = 34 और 2 को नीचे लिखकर अपना उत्तर 342 प्राप्त करते हैं।

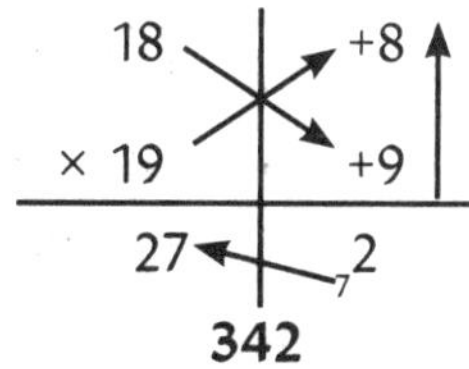

अब हम उस भाग में आते हैं, जो आपको अवश्य पसंद आएगा। हम यहाँ आधार 100 लेते हैं। मैं यहाँ जो विधि प्रस्तुत करूँगा, उसे एक बार समझने के बाद 100 से अधिक संख्या का वर्ग ज्ञात करना आपके लिए दिमागी रूप से आसान होगा।

हम 101 × 101 ज्ञात करेंगे। इसका हम उचित निरूपण करते हैं—

101

× 101

इस प्रश्न में 101, 100 से +1 ज्यादा है। अत: इसे हम दाईं तरफ लिखेंगे।

हम दिमाग से प्रश्न हल करने का प्रयास करेंगे।

पद-1 : ध्यान करो और वज्र जोड़ करो। 101 + 01 = 102। यह हमें उत्तर का प्रथम भाग देगा।

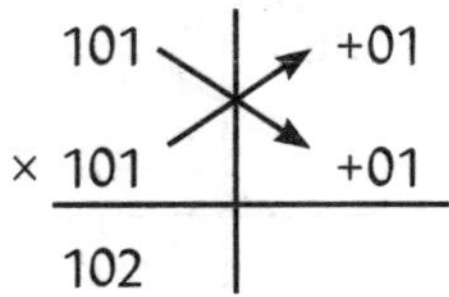

पद–2 : इस पद में 01 को 01 से लंबवत् गुणा करते हैं। यह कुछ नहीं 01 का वर्ग है। 01 का वर्ग 01 प्राप्त होता है, जो कि उत्तर का द्वितीय भाग है। अतः हमारा अभीष्ट उत्तर 10201 है।

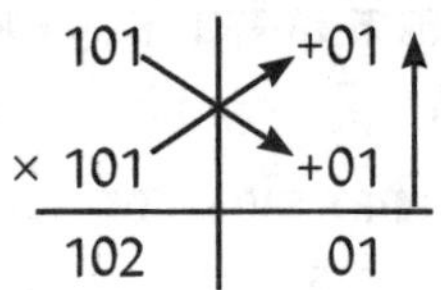

अब आप इसे आसानी से कर सकते हैं। सिर्फ, आधार से अधिक अंक ज्ञात कर जिस संख्या का वर्ग करना है, उसमें जोड़कर उत्तर का प्रथम भाग ज्ञात कर सकते हैं।

अब अभीष्ट उत्तर ज्ञात करने के लिए अधिक अंक का वर्ग करते हैं और उत्तर प्राप्त करते है।

अब अन्य प्रश्न 102 × 102 ज्ञात करते हैं।

यह प्रश्न दिमाग में आसानी से हल करते हैं। आधार से अधिक अंक ज्ञात कर वर्ग में जोड़ते हैं। अंत में, अधिक अंक का वर्ग करके अभीष्ट उत्तर प्राप्त करते हैं।

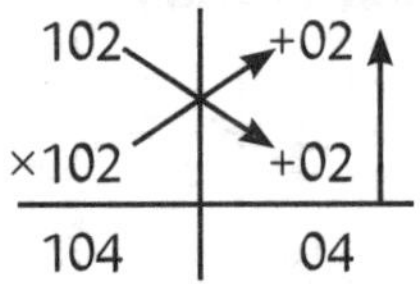

अब 103 × 103 लेते हैं। इसे पहले दिमाग में हल कर उत्तर प्राप्त करते हैं। चूँकि आप सीख रहे हैं, अगर आपका उत्तर गलत प्राप्त होता है तो कोई बात नहीं। प्रश्न का हल, अपना उत्तर ज्ञात कर ही देखें।

अतः प्रश्न 103 × 103 में है, आधार से अधिक अंक ज्ञात करते हैं जो +3 प्राप्त होता है।

103 में 03 जोड़ते हैं। यह 106 प्राप्त होता है, जो कि उत्तर का प्रथम

भाग है। उत्तर का दूसरा भाग प्राप्त करने के लिए 03 का वर्ग ज्ञात करते हैं। जो 09 है।

प्रथम भाग तथा द्वितीय भाग को जोड़कर अभीष्ट उत्तर 10609 प्राप्त करते हैं।

103	+03
× 103	+03
106	09

समान रूप से 108^2 ज्ञात करो। आपका उत्तर 11664 होना चाहिए।

याद रहे कि प्रश्न में हासिल का भी प्रयोग करते हैं। उदाहरण 111 × 111

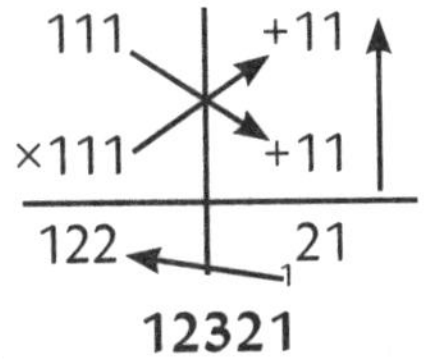

12321

इस प्रश्न में 111 × 111, आधार 100 से +11 अधिक है, जो कि हम उपयुक्त स्थान पर लिखते हैं। तब 111 में अधिक को जोड़ते हैं, जो हमें उत्तर का प्रथम भाग 122 देता है।

अंत में, हम 11 का वर्ग करते हैं जो 121 प्राप्त होता हे। यहाँ हमारा आधार 100 है और इसमें दो शून्य हैं, अतः 1 को हम हासिल के रूप में प्रयोग करेंगे। हम 122 में 1 जोड़कर 123 प्राप्त करेंगे और हमारा उत्तर 12321 प्राप्त करेंगे।

हम एक और प्रश्न 112^2 ज्ञात करेंगे।

पद-1 : अधिक अंक +12 है। हम 112 में +12 जोड़ेंगे, जो 124 देगा।

112	+12
×112	+12
124	

पद–2 : अंत में अधिक अंक 12 का वर्ग ज्ञात करते हैं। 12 × 12 = 144। हम स्थानांतरित नियम से बाईं तरफ 1 हासिल लेकर, 124 में जोड़ेंगे और 125 प्राप्त करेंगे।

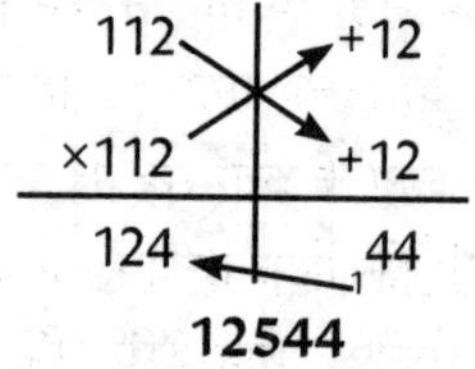

अतः हमारा अभीष्ट उत्तर 12544 है।

अब तक आधार 100 तक था। अब हम आधार 1000 के प्रश्न देखेंगे।

प्रश्न 1006 × 1009 ज्ञात करेंगे।

पद–1 : उचित निरूपण करेंगे—

1006
× 1009

पद–2 : आधार 1000 है और 1000 से अधिक अंक क्रमशः +006 और +009 है। हम वज्र जोड़ की सहायता से उत्तर का प्रथम भाग ज्ञात करेंगे। 1006 + 009 = 1015 या 1009 + 006 = 1015

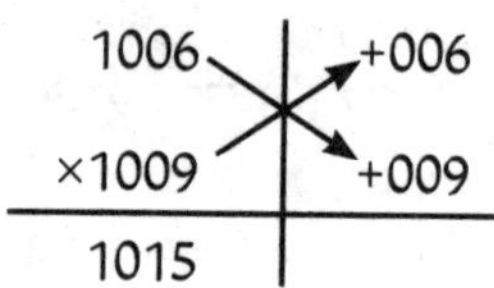

पद–3 : अब लंबवत् गुणन करेंगे, जिससे हमें 006 × 009 = 054 प्राप्त होगा। जो उत्तर का दूसरा भाग है। हमारा अभीष्ट उत्तर 1015054 है।

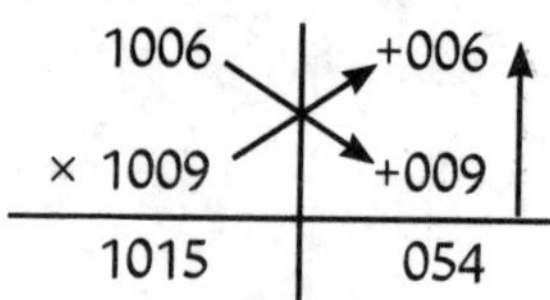

अब हम आधार 1000 के प्रश्न को हल करते हैं, हम आधार 1000 की समस्याओं को आधार 100 के समान रूप से हल कर सकते हैं।

उदाहरण के तौर पर 1008 × 1008 ज्ञात करेंगे। इस प्रश्न को दिमाग से समान तरीके से हल करने की कोशिश करेंगे।

अधिक अंक +008 है, जो कि 1008 में जोड़ने पर 1016 प्राप्त होगा। यह उत्तर का प्रथम भाग है।

दूसरे भाग को प्राप्त करने के लिए, हम अधिक अंक का वर्ग ज्ञात करेंगे। अत: 008 का वर्ग 064 है।

दोनों भागों का संयोजन करने पर अभीष्ट उत्तर 1016064 प्राप्त होता है।

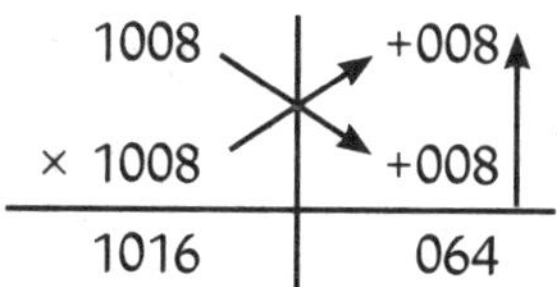

अब हम इस गणितीय सूत्र का सिद्धांत तथा इसका कार्य देखते हैं—

$(x + a) (x + b) = x (x + a + b) + ab$

यहाँ x, 10, 100 अथवा 1000 आदि का आधार है और a तथा b आधार से अधिक अथवा कम अंक हैं।

आधार के उच्चतम तथा निम्नतम

अब हम आधार के उच्चतम तथा निम्नतम अंकों के प्रकार देखेंगे। हम एक अंक आधार के उच्चतम तथा एक अंक आधार के निम्नतम का अध्ययन करेंगे।

उदाहरण : 15 × 8

हल करने से पूर्व उचित निरूपण करते हैं—

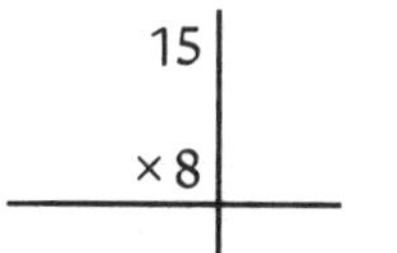

पद-1 : दोनों 15 एवं 8 आधार 10 से अधिक तथा कम हैं। 15, 10 से 5 अधिक है, अत: हम +5 लिखेंगे तथा 8 आधार 10 से 2 कम है, अत: −2 लिखेंगे।

15	+5
× 8	−2

पद–2 : हम चिह्न के अनुसार वज्र जोड़ अथवा घटाव करेंगे। अत: 15 − 2 = 13 है। हम 8 + 5 = 13 भी प्राप्त कर सकते हैं।

तद्पश्चात हम +5 और −2 का लंबवत् गुणा करके दाईं तरफ −10 ज्ञात करते हैं।

हमारा प्रश्न निम्न प्रकार है—

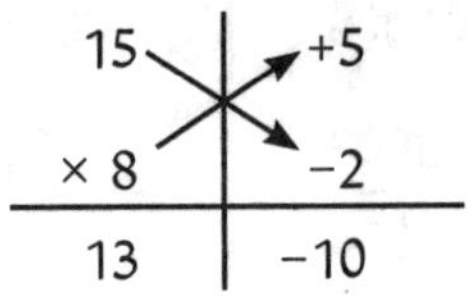

पद–3 : चूँकि हमें दाईं तरफ −10 प्राप्त होता है, हमें घबराने की कोई जरूरत नहीं है। अब हमें आवश्यकता है बाईं तरफ 13 को आधार 10 से गुणा करने की। तेरह बार 10, 130 होता है और 130 में से −10 घटाते हैं। 130−10=120, जो हमारा अभीष्ट उत्तर है।

15 | +5
× 8 | −2
13 | −10
× 10
130 − 10 = 120

अब हम अन्य प्रश्नों की सहायता से इस प्रश्न को समझने का प्रयास करते हैं। हम 17 × 9 ज्ञात करेंगे।

पद–1 : 17 और 9 आधार 10 से क्रमश: उच्च तथा निम्न हैं। 17 आधार 10 से 7 अधिक है अत: हम +7 लिखेंगे और 9 आधार 10 से 1 कम है, अत: हम −1 लिखेंगे।

17	+7
× 9	−1

पद–2 : अब हम चिह्नानुसार जोड़–घटाव करेंगे। अत: हम 17 − 1 = 16 या 9 + 7 = 16, जो कि आसानी से प्राप्त होता है। अत: 16 उत्तर का प्रथम भाग है।

अब हम दाईं तरफ +7 और −1 का लंबवत् गुणन करेंगे, जिससे हमें −7 प्राप्त होगा।

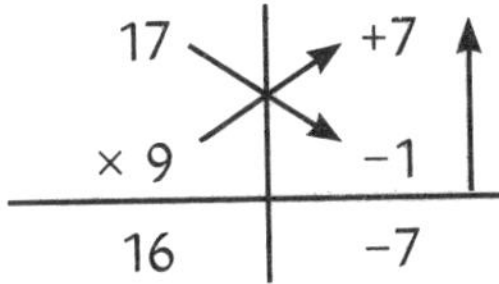

पद–3 : अभीष्ट उत्तर प्राप्त करने के लिए हम बाईं तरफ आधार 10 से गुणा करेंगे। अत: 16 × 10 = 160 प्राप्त होगा। अब 160 में से 7 घटाएँगे, जिससे हमें 153 प्राप्त होगा, यह हमारा उचित तथा अभीष्ट उत्तर होगा।

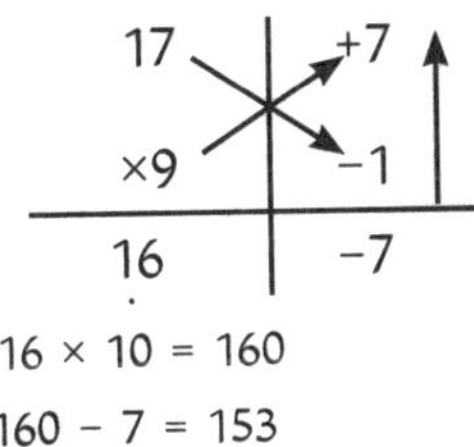

अब हम आधार 100 के नजदीक प्रश्न हल करेंगे। 102 × 99 ज्ञात करेंगे।

पद–1 : हम पहले प्रश्न का उचित निरूपण करेंगे। हम आधार 100 से अधिक तथा कम अंक लिखेंगे।

102	+02
× 99	−01

पद–2 : अब हम वज्र जोड़ तथा घटाव करेंगे, जिससे हमें 102 − 01

= 101 या 99 + 02 = 101 प्राप्त होगा। हम दाईं तरफ लंबवत् गुणन भी करेंगे, जिससे 02 × −01 = −02 प्राप्त होगा। अत:

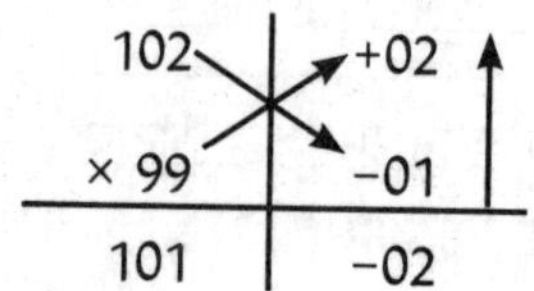

पद–3 : यहाँ हमारा आधार 100 है। अत: हम 101 को 100 (आधार) से गुणा कर 10100 प्राप्त करेंगे। इसमें से हम 02 घटाएँगे। अत: 10100–02 10098, अब हम उचित तथा अभीष्ट उत्तर प्राप्त करेंगे।

102	+02
× 99	−01
101	−02

101 × 100 = 10100

10100 − 2 = 10098

अब हम आधार 1000 के समीप उदाहरण हल करेंगे। 1026 × 998 हल करेंगे।

पद–1 : आधार से उच्च तथा निम्न अंक ज्ञात कर उचित निरूपण करेंगे—

1026	+026
×998	−002

पद–2 : हम वज्र जोड़ तथा घटाव कर बाईं तरफ का प्रथम भाग प्राप्त करेंगे और लंबवत् गुणन की सहायता से दाईं तरफ का उत्तर प्राप्त करेंगे।

1026	+026
× 998	−002
1024	−052

पद–3 : 1024 को आधार 1000 से गुणा करने पर हमें 1024000

प्राप्त होता है। इसमें से –052 घटा देने पर हमें 1023948 प्राप्त होता है, जो हमारा अभीष्ट उत्तर है।

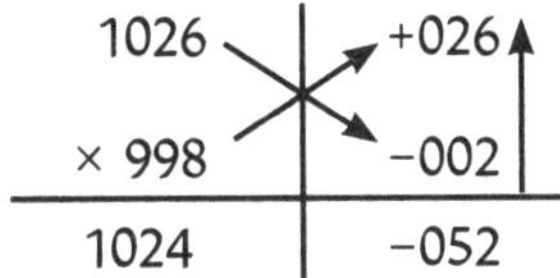

1024 × 1000 = 1024000

1024000–52 = 1023948

अब तक हम आधार से न्यून, आधार से उच्च और आधार से उच्च तथा न्यून गुणन का पूर्ण रूप से अध्ययन कर चुके हैं। अब हम इस तकनीक का गहराई से अध्ययन करेंगे।

गुणक तथा सह-गुणक

मैं IIT मद्रास वहाँ चल रहे तकनीक उत्सव, शास्त्र पर बात करने गया था और वहाँ किसी ने मुझसे एक प्रश्न पूछा : यदि कोई दो अंक 50 या 200 या 10 के अन्य गुणज के नजदीक हो, क्या तब भी हम आधार गणित द्वारा उसे हल कर सकते हैं?

आप दो मिनट सोचकर बताइए, क्या हम ऐसा कर सकते हैं?

मेरा उत्तर 'हाँ' है। हम आधार गणित से प्रश्न को हल कर सकते हैं,

परंतु छोटे समझौते के साथ। हम इसे उदाहरण से समझते हैं। हम 44 और 48 का गुणन ज्ञात करते हैं, जिन दो अंकों का आधार 50 है।

पद–1 : पहले हम प्रश्न का उचित निरूपण करते हैं और अधिक तथा निम्न अंक को आधार 50 से ज्ञात करते हैं। यहाँ 44 आधार 50 से 6 और 48 आधार 50 से 2 कम है।

44	–6
×48	–2

पद–2 : अब हम चिह्नानुसार वज्र जोड़ अथवा घटाव करते हैं। जो हमें बाईं तरफ 44 – 2 = 42 या 48 – 6 = 42 प्राप्त होता है। फिर हम –6 और –2 का लंबवत् गुणन 12 प्राप्त करते हैं। हमारा प्रश्न निम्न प्रकार है—

44	–6
×48	–2
42	12

पद–3 : अब हमारा आधार 50 है, हम अपने प्रश्न को देखते हैं। चूँकि हम 10 और 5 का गुणन 50 प्राप्त करते हैं, हम 42 को 5 से गुणा कर 210 प्राप्त करेंगे, जो कि बाईं तरफ का हमारा उत्तर है। चूँकि हमारा आधार 50 है, जिसमें एक शून्य है, अत: दाईं तरफ एक अंक आएगा। यहाँ एक अंक ज्यादा है, अत: हम बाईं तरफ अंक को जोड़ेंगे।

210 + 1 = 211 और 2 को नीचे लिखेंगे। हमारे अभीष्ट उत्तर 2112 है।

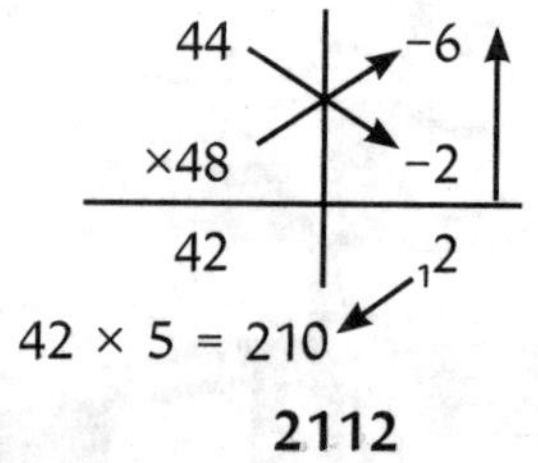

हम इस सिद्धांत को समझने के लिए अन्य उदाहरण हल करेंगे। हम 49 × 47 ज्ञात करेंगे।

पद-1 : हमारा आधार 50 है तथा 49 एवं 47 इसके नजदीक हैं। हम प्रश्न का उचित निरूपण कर पिछले उदाहरण में सीखे नियम को याद कर उपयोग करेंगे। हम उच्च अथवा निम्न अंक लिखेंगे—

49	−1
× 47	−3
46	3

पद-2 : चूँकि हमारा आधार 10 × 5 = 50 है। अतः हम दहाई स्थान को 5 से गुणा करेंगे। यहाँ दहाई स्थान पर 46 है, जिसे 5 से गुणाकर 230 प्राप्त करेंगे।

49	−1
× 47	−3
46	3
× 5	
230	

पद-3 : अंतिम पद में 3 को नीचे लिखना है और 230 से संयुक्त कर 2303 प्राप्त करना है। हमारा अभीष्ट उत्तर 2303 है।

49	−1
×47	−3
46	3
× 5	
2303	

अब मैं आपको तीन उपयुक्त प्रश्न उदाहरण सहित समझाता हूँ—

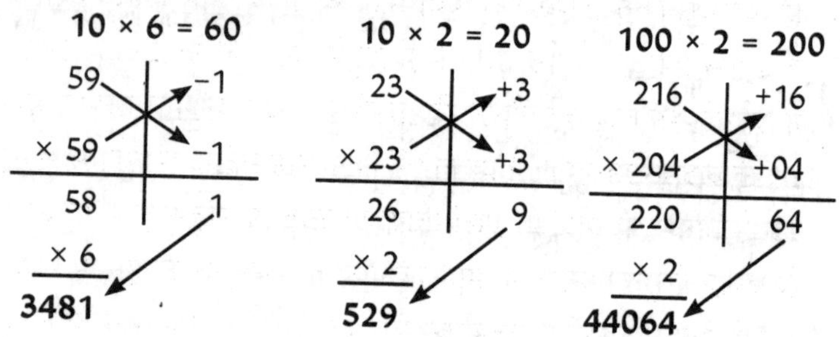

अब हम आधार गुणन ज्ञात करना भली-भाँति समझ चुके हैं। अब हम इसके अंतिम भाग में चलेंगे। क्या होता है, जब हमें विभिन्न आधारों के प्रश्न का गुणन ज्ञात करना होता है ?

प्रश्न—981 × 93 = ?

पद-1 : बड़े आधार तथा छोटे आधार का अनुपात ज्ञात करते हैं। इस प्रश्न में 981 का आधार 1000 तथा 93 का आधार 100 है। अत: बड़े आधार को छोटे आधार से विभाजित करने पर हमें 10 प्राप्त होता है। हम 93 को 10 से गुणा कर 930 प्राप्त करते हैं।

हम 981 × 930 प्रश्न को साधारण तरीके से हल करते हैं।

पद-2 : 981 × 930 = 912330 प्राप्त होता है। क्योंकि हमने 930 को 10 से गुणा किया था, हम उत्तर को 10 से विभाजित करते हैं। अत: अभीष्ट उत्तर 91233 है।

अब हम अन्य प्रश्न 1006 × 118 हल करेंगे।

पद-1 : हम बड़े आधार से छोटे आधार का अनुपात ज्ञात करेंगे। इसके पश्चात् छोटे आधार से हम गुणन करेंगे। अत: 118 × 10 = 1180। अब हम 1180 और 1006 का गुणन करेंगे।

पद-2 : आधार तकनीक से 1180 × 1006 को गुणा करने पर 1187080 प्राप्त होता है। अब 1187080 को 10 से विभाजित करेंगे, जिससे अभीष्ट उत्तर 118708 प्राप्त होगा।

अब हम गुणन की अति साधारण प्रक्रिया का ज्ञान करेंगे। यह महत्त्वपूर्ण गणित सूत्र है—लंबवत् एवं वज्र। मेरे अनुसार यह सारे सूत्रों का राजा है,

क्योंकि इसमें असंख्य प्रक्रियाएँ हैं। इस गणितीय सूत्र से हम गुणन या वर्ग तथा कई अज्ञात समान समीकरण ज्ञात कर सकते हैं। इसी कारण से मैंने इसे गणित सूत्र का राजा कहा।

इस सूत्र के वज्र तथा लंबवत् गुणन से किसी भी संख्या का किसी भी संख्या से दिमाग से या एक पंक्ति में उत्तर ज्ञात कर सकते हैं।

हम इससे दाएँ से बाएँ या बाएँ से दाएँ, बिना किसी निर्देश के सही उत्तर ज्ञात कर सकते हैं। यदि आपने सभी पद सही से किए हैं।

अब हम आगे चलते हैं। अब हम दो अंकों की संख्या का गुणन करना सीखेंगे।

दो अंकों का दो अंकों से गुणन

इस प्रकार के गुणन में हम दृश्य पैटर्न का अनुसरण करते हैं, जो कि बिंदुओं द्वारा दर्शाया जाता है। इसे हम निम्नानुसार समझते हैं—

हमारा प्रश्न 12 × 43 है—

पद-1 : सर्वप्रथम हम लंबवत् गुणन करेंगे, जैसा चित्र में बिंदुओं द्वारा दर्शाया गया है।

12
× 43
6

हम 3 × 2 = 6 ज्ञात कर, इकाई स्थान पर 6 लिखेंगे।

पद-2 : अब हम वज्र गुणन और प्रश्न का योग चित्रानुसार करेंगे।

अत: यहाँ हम (3 × 1 =) तथा (4 × 2) = 3 + 8 = 11 प्राप्त करेंगे। यहाँ हम 1 को दहाई स्थान पर तथा 1 को हासिल के रूप में लिखेंगे।

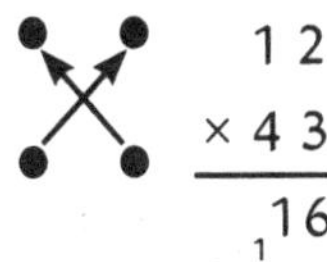

पद-3 : अंतिम पद में हम पुन: लंबवत् गुणा करेंगे, परन्तु इस बार हम 4 × 1 = 4 गुणा करेंगे। हम हासिल 1 को 4 में जोड़ेंगे, जो हमें 5 प्राप्त होगा सैकड़े के स्थान पर। हमारा अभीष्ट उत्तर 516 प्राप्त होता है।

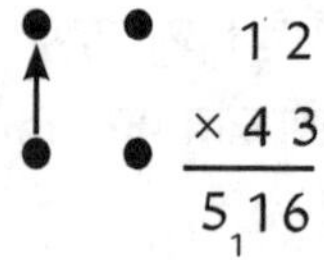

इस तकनीक को गहराई से समझेंगे।

पद-1 : हम इकाई अंक को इकाई अंक से, इकाई स्थान के अंक की प्राप्ति के लिए गुणा करते हैं।

पद-2 : अब हम दहाई स्थान ज्ञात करेंगे। अत:, हम दहाई को इकाई से तथा इकाई को दहाई से गुणा कर चित्रानुसार जोड़ते हैं।

पद-3 : अंतिम सैकड़े पद को ज्ञात करने के लिए हम सैकड़े अंक को सैकड़े अंक से चित्रानुसार लंबवत् गुणा करेंगे।

दो अंकों का लंबवत् एवं वज्र गुणन

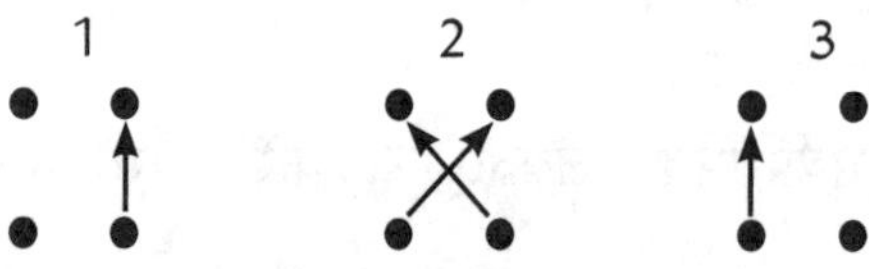

हम अन्य उदाहरण 78 × 69 लेते हैं।

पद-1 : चित्रानुसार हम पहले इकाई अंक का लंबवत् गुणन ज्ञात करते हैं। नौ बार 8, 72 होता है। हम 2 को इकाई स्थान पर लिखकर 7 को दहाई स्थान पर हासिल के रूप में लिखेंगे।

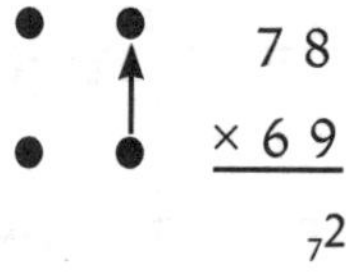

पद-2 : द्वितीय पद में हम वज्र गुणन करके अंकों को चित्रानुसार जोड़ेंगे। (9 × 7) + (6 × 8) = 63 + 48 = 111 प्राप्त होता है। हम 111 में 7 को पूर्व पदानुसार जोड़ने पर 118 संख्या प्राप्त होती है। अत: हम दहाई स्थान पर 8 लिखकर अंतिम पद के लिए 11 को हासिल के रूप में लिखते हैं।

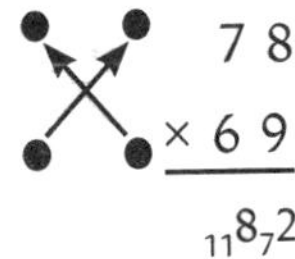

पद-3 : अंतिम पद में हम 6 × 7 का गुणनफल 42 प्राप्त करते हैं। तत्पश्चात् उसमें 11 जोड़कर (पूर्व पदानुसार) 42 + 11 = 53 प्राप्त करते हैं। 53 को लिखकर हम अभीष्ट उत्तर 5382 प्राप्त करते हैं।

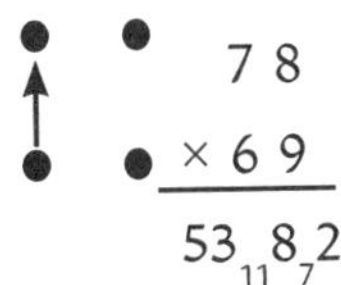

लंबवत् एवं वज्र गुणन के गणितीय सूत्र के द्वारा हम दो अंकों वाली संख्या के साथ दूसरी दो अंकों वाली संख्या का गुणनफल ज्ञात करने की तकनीक समझ चुके हैं। अब प्रश्न यह है कि दो अंकों वाली संख्या के साथ एक अंक वाली संख्या का गुणनफल कैसे ज्ञात करते हैं?

यह कुछ नहीं, हमारे गणितीय वज्र एवं लंबवत् सूत्र से यह बच्चों का काम है।

दो अंकों वाली संख्या में एक अंक वाली संख्या से गुणन

हम 34 और 8 का गुणनफल ज्ञात करेंगे। हम प्रश्न का उचित निरूपण करते हैं—

पद-1 : प्रथम पद में हम 8 से पहले शून्य लगाते हैं। हम 8 को दो अंक की संख्या बनाने के लिए ऐसा करते हैं, जिससे यह हमारे लिए उचित रहता है और हम वज्र एवं लंबवत् सूत्र ज्ञात कर सकते हैं।

$$\begin{array}{r} 3\ 4 \\ \times\ 0\ 8 \\ \hline \end{array}$$

पद-2 : अब हम वज्र एवं लंबवत् सूत्र उपयोग में ले सकते हैं। पहले हम 8 और 4 का गुणन 32 प्राप्त करते हैं। हम 2 को इकाई स्थान पर लिखकर 3 को हासिल के रूप में लिखते हैं।

$$\begin{array}{r} 3\ 4 \\ \times\ 0\ 8 \\ \hline {}_{3}2 \end{array}$$

अगले पद में हम वज्र पद का उपयोग करेंगे। अत: (8 × 3) + (0 × 4) = 24 प्राप्त करेंगे। इसमें हासिल 3 जोड़ने पर 24 + 3 = 27 प्राप्त करेंगे। हम 7 को दहाई स्थान पर लिखकर 2 को हासिल के रूप में लिखते हैं।

$$\begin{array}{r} 3\ 4 \\ \times\ 0\ 8 \\ \hline {}_{2}7_{3}2 \end{array}$$

पद–3 : अंतिम पद में लंबवत् गुणा करेंगे। यहाँ 0 × 3 = 0 प्राप्त होगा। तत्पश्चात् हासिल 2 जोड़ने पर हमें 2 प्राप्त होगा। हमारा अभीष्ट उत्तर 272 है।

$$\begin{array}{r} 3\ 4 \\ \times\ 0\ 8 \\ \hline 2_{2}7_{3}2 \end{array}$$

अब हम दो अंकों का लंबवत् एवं वज्र गुणन देख चुके हैं। इस बार हम तीन अंकों का गुणन सीखेंगे।

तीन अंकों वाली संख्या में तीन अंकों वाली संख्या से गुणन

अब हम तीन अंकों वाली संख्या में तीन अंकों वाली संख्या से गुणन करने की तकनीक सीखेंगे। यह नई तथा समझने में थोड़ा समय लेनेवाली तकनीक है। अच्छी बात यह है कि हम चौथे तथा पाँचवें पद को पहले ही हल कर चुके हैं। अत: हमें प्रारंभ की तकनीक पर ध्यान देना होगा।

उदाहरण देखते हैं। यहाँ बिंदु अंकों की संख्या को प्रदर्शित करता है।

3 अंकों की लंबवत् एवं वज्र गुणन तकनीक—

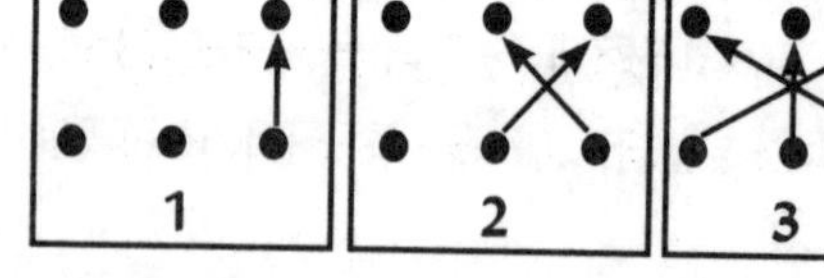

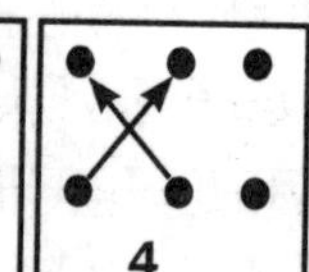

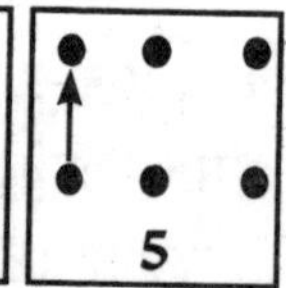

1. पहला पद 'लंबवत्' है। जैसा उदाहरण में दिखाया है, हम इकाई अंक का इकाई अंक से लंबवत् गुणा इकाई अंक प्राप्त करने के लिए करते हैं।
2. द्वितीय पद में हम वज्र गुणा दहाई अंक प्राप्त करने के लिए करते हैं।
3. यह नया पद है, जिसे Star पद कहते हैं, क्योंकि यह तकनीक 'star' की तरह दिखती है। इस पद में हम सैकड़े का अंक प्राप्त करते हैं। अतः हम चित्रानुसार गुणा तथा जोड़ करते हैं।
4. चौथे पद में चित्रानुसार वज्र गुणा करते हैं।
5. अंतिम पद में हमें लंबवत् गुणा कर अभीष्ट उत्तर प्राप्त होता है।

अब हम तीन अंकों वाली संख्या में तीन अंकों वाली संख्या का गुणनफल ज्ञात कर सकते हैं। उदाहरण के लिए 123 × 456, जो मेरा पसंदीदा उदाहरण है।

पद-1 : 123 × 456 में पहला पद लंबवत् गुणा है। हम 6 × 3 का गुणा कर 18 प्राप्त करते हैं। हम इकाई स्थान पर 8 लिखकर 1 को हासिल के रूप में लिखेंगे।

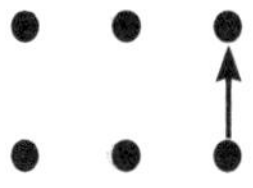

```
• • •      1 2 3
    ↑    × 4 5 6
• • •    -------
              ₁8
```

पद-2 : द्वितीय पद में हम वज्र गुणन एवं जोड़कर (6 × 2) + (5 × 3) = 12 + 15 = 27 प्राप्त करते हैं। हम पूर्व पद से 1 हासिल को भी जोड़ते हैं। अतः हमें 27 + 1 = 28 प्राप्त होता है। 8 नीचे लिखकर 2 को हासिल लगाते हैं।

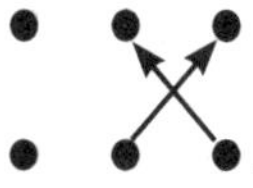

```
• • •      123
   X     × 456
• • •    -----
          ₂8 ₁8
```

पद-3 : तृतीय पद में हम 'Star' गुणन करते हैं।

(6 × 1) + (4 × 3) + (5 × 2) = 6 + 12 + 10 = 28

पूर्व पद से 28 में हासिल 2 जोड़ते हैं। अत: 28 + 2 = 30 हम शून्य को सैकड़े के स्थान पर रखकर 3 को हासिल के रूप में लिखते हैं।

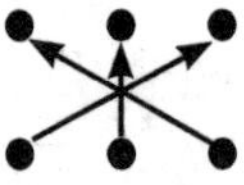

$$\begin{array}{r} 1\;2\;3 \\ \times\;4\;5\;6 \\ \hline {}_{3}0\;{}_{2}8\;{}_{1}8 \end{array}$$

पद-4 : चतुर्थ एवं पंचम पद आसान है। हम वज्र गुणा करते हैं। अत: (5 × 1) + (4 × 2) = 5 + 8 = 13

पूर्व पद से 13 में हासिल 3 जोड़कर 13 + 3 = 16 प्राप्त करते हैं।

हम 6 को नीचे लिखकर 1 को हासिल के रूप में लिखते हैं।

$$\begin{array}{r} 1\;2\;3 \\ \times\;4\;5\;6 \\ \hline {}_{1}6\;{}_{3}0\;{}_{2}8\;{}_{1}8 \end{array}$$

पद-5 : अब अंतिम पद में हम लंबवत गुणा करते हैं। अत: हमें 4 × 1 = 4 + 1 (हासिल) = 5 प्राप्त होता है।

संख्या 5 उत्तर प्राप्त करने की अंतिम संख्या है।

हमारा अभीष्ट उत्तर 56088 है।

$$\begin{array}{r} 1\;2\;3 \\ \times\;4\;5\;6 \\ \hline 5\;{}_{1}6\;{}_{3}0\;{}_{2}8\;{}_{1}8 \end{array}$$

अब हम तीन अंकों का अन्य उदाहरण लेकर वज्र एवं गुणन सूत्र का कार्य देखते हैं।

उदाहरण : 231 × 745

पद-1 : हम इकाई अंक को इकाई अंक से गुणा करते हैं, जिससे हमें इकाई पद का उत्तर प्राप्त होता है। अत: 5 × 1 = 5। हम 5 को इकाई स्थान पर लिखते हैं।

$$\begin{array}{r} 2\ 3\ 1 \\ \times\ 7\ 4\ 5 \\ \hline 5 \end{array}$$

पद–2 : हम दहाई अंक ज्ञात करने के लिए वज्र गुणन करते हैं। अतः हम (5 × 3) + (4 × 1) = 15 + 4 = 19 प्राप्त करते हैं। हम 9 को दहाई स्थान पर लिखकर 1 को हासिल लगाते हैं। याद रहे, दहाई अंक ज्ञात करने के लिए इकाई अंक को दहाई अंक से गुणा कर योग ज्ञात करते हैं।

$$\begin{array}{r} 2\ 3\ 1 \\ \times\ 7\ 4\ 5 \\ \hline {}_{1}95 \end{array}$$

पद–3 : तृतीय पद में हम 'स्टार' गुणन करते हैं। (5 × 2) + (7 × 1) + (4 × 3) = 10 + 7 + 12 = 29 + 1 (हासिल) = 30।

हम दहाई स्थान पर 0 लिखकर 3 को हासिल लगाते हैं—

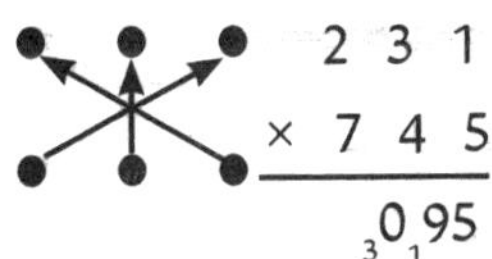

$$\begin{array}{r} 2\ 3\ 1 \\ \times\ 7\ 4\ 5 \\ \hline {}_{3}0_{1}95 \end{array}$$

पद–4 : हम चतुर्थ पद को जानते हैं कि वज्र गुणा करके योग प्राप्त करना है।

अतः (4 × 2) + (7 × 3) = 8 + 21 = 29 + 3 (हासिल) = 32 प्राप्त करते हैं।

हम 2 को नीचे लिखकर 3 को हासिल के रूप में लिखते हैं।

$$\begin{array}{r} 2\ 3\ 1 \\ \times\ 7\ 4\ 5 \\ \hline {}_{3}2_{3}0_{1}95 \end{array}$$

पद–5 : अंतिम पद में हम लंबवत् गुणा कर 7 × 2 = 14 प्राप्त करते हैं। 14 में हासिल 3 पूर्व पद से जोड़कर 17 ज्ञात करते हैं, जो कि उत्तर के

रूप में लिखकर अभीष्ट उत्तर 172095 प्राप्त करते हैं।

$$\begin{array}{r} 2\;3\;1 \\ \times\;7\;4\;5 \\ \hline 17{}_{3}2{}_{3}0{}_{1}95 \end{array}$$

मैं जानता हूँ आप प्रत्येक प्रश्न को हल करेंगे, तो आप इसमें बेहतर से बेहतर बनते चले जाएँगे। आप नए गणितीय सूत्र उपयोग करके थोड़ा-बहुत समय तो बचा ही सकते हैं। आप कई वर्षों से पारंपरिक तकनीक का अभ्यास कर रहे हैं, अतः इस तकनीक में थोड़ी गलती जरूर होगी। आप इस तकनीक को थोड़ा समय दें, मैं विश्वास दिलाता हूँ आप एक पंक्ति में प्रश्नों को हल कर पाएँगे।

याद रहे, विंस लोम्बार्डी ने कहा है, "आलसी कभी नहीं जीतते और जीतनेवाले कभी हार नहीं मानते।"

तीन अंकों वाली संख्या में दो अंकों वाली संख्या से गुणन

हम जानते हैं कि तीन अंकों का तीन अंकों से गुणन कैसे करते हैं। हम दो अंकों वाली संख्या में तीन अंकों वाली संख्या से गुणा करेंगे।

हम दो अंकों वाली संख्या में आगे शून्य लगाते हैं, तब तीन अंक बनाकर

वज्र एवं लंबवत् गुणन तकनीक से हल करते हैं।

उदाहरण के लिए—321 × 42 का गुणनफल ज्ञात करते हैं।

पद-1 : सर्वप्रथम हम 42 के पूर्व शून्य लगाकर इसे तीन अंक की संख्या 042 बनाते हैं, तब वज्र एवं लंबवत् गुणन सूत्र का प्रयोग करते हैं। हमें इकाई स्थान पर 2 और 1 का गुणनफल 2 प्राप्त होता है।

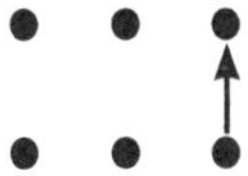

```
          3 2 1
        × 0 4 2
        -------
              2
```

पद-2 : हम द्वितीय पद को भली-भाँति समझते हैं—वज्र गुणन हम जल्द से (2 × 2) + (4 × 1) = 4 + 4 = 8 ज्ञात करते हैं। दहाई स्थान पर 8 लिखते हैं।

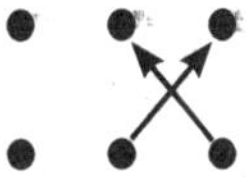

```
          3 2 1
        × 0 4 2
        -------
            8 2
```

पद-3 : तृतीय पद 'star' पद। हम (2 × 3) + (0 ×1) + (4 × 2) = 14 प्राप्त करते हैं। हम 4 को सैकड़े के स्थान पर लिखकर 1 को अगले पद में हासिल के रूप में लिखते हैं।

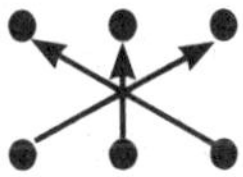

```
          3 2 1
        × 0 4 2
        -------
          ₁4 8 2
```

पद-4 : हम वज्र गुणा कर हजारवें स्थान का अंक प्राप्त करते हैं।

(4 × 3) + (0 × 2) = 12 + 1 (हासिल) = 13। हम 13 को हजारवें स्थान पर लिखकर 1 को हासिल के रूप में लिखते हैं।

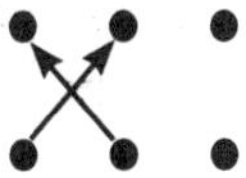

```
          3 2 1
        × 0 4 2
        -------
       ₁3 ₁482
```

पद-5 : अब हम 0 और 3 का लंबवत् गुणन कर 0 प्राप्त करते हैं।

हम हासिल 1 को 0 में जोड़कर 1 प्राप्त करते हैं।

हमारा अभीष्ट उत्तर 13482 है।

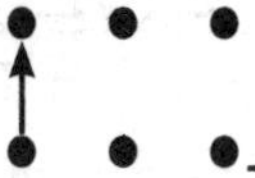

```
• • •      3 2 1
↑
• • •    × 0 4 2
         ———————
         1 3 4 8 2
          1 1
```

मैं आशा करता हूँ कि आपको वैदिक तरीके से गुणन का यह अध्याय पसंद आया होगा।

गणित का सकारात्मक ज्ञान

विद्यालय तथा वातावरण में बहुत असकारात्मक बातें होती हैं, जो हमारे आत्मविश्वास और हमारी प्रतिभा पर बुरा असर डालती हैं, जो हम बता रहे हैं—

1. आप किसी कार्य में सक्षम नहीं हैं।
2. आप बेवकूफ हो।
3. आप इस प्रश्न का सही उत्तर ज्ञात नहीं कर सकते।
4. आप असफल हो।
5. आप हमेशा विद्यालय में कम ग्रेड प्राप्त कर हमें शर्मिंदा करते हो।

यह असकारात्मक बातें दिन-प्रतिदिन हमारी जिंदगी पर प्रभाव डालती हैं और फिल्म की तरह हमारे दिमाग में चलती रहती हैं। हमें हमारा आत्मविश्वास गणित के द्वारा बढ़ाकर सकारात्मक ज्ञान को बढ़ाना चाहिए।

सकारात्मक ज्ञान आधारभूत रूप से सकारात्मक बातें रखना है। ये हमारे नेतृत्व और कौशल को ही नहीं बढ़ातीं, बल्कि हमारे शैक्षिक परिणाम में भी सकारात्मक योगदान देती हैं।

हमें अपने आपसे कहना चाहिए—

1. मैं गणित में बहुत अच्छा हूँ।
2. मैं गणित में 100 प्रतिशत अंक प्राप्त कर सकता हूँ।
3. मुझमें गणित सीखने की प्राकृतिक क्षमता है।

इस बिंदु पर आप कह सकते हैं, "सर, मुझे गणित में 50 प्रतिशत अंक

ही प्राप्त हुए हैं, मैं अपने आपसे झूठ कैसे बोल सकता हूँ?''

पहले हम अपने आपसे झूठ नहीं बोल सकते हैं। यह संदेश दिमाग को देना होगा कि आप गणित में अच्छे हैं। यह सोच आपको अच्छा महसूस कराएगी और आपको अच्छे ग्रेड दिलाने में सहायक होगी।

उदाहरणतया, अपने आपसे कहें कि आप दुनिया के सबसे अमीर व्यक्ति हैं। अब आपको कैसा महसूस होगा, अच्छा, सही कहा न?

सोचो, आप पूरे संसार में इन पैसों को कैसे खर्च करोगे?

इसी प्रकार सकारात्मक ज्ञान आपको अच्छा महसूस कराएगा और आपके अच्छे परिणाम को बनाए रखने में आपकी मदद करेगा।

प्रत्येक वाक्य को पाँच बार पढ़ें—

1. मैं गणित के प्रश्नों को सही ढ़ग से हल करके 100 प्रतिशत अंक प्राप्त करूँगा।
2. मैं गणित के प्रश्नों को दिमाग में ही हल कर लूँगा।
3. मैं गणित में महान् हूँ और मैं गणित का गुरु हूँ।
4. मैं सबसे अच्छा हूँ (अपने बारे में महसूस करें)।
5. मेरे सभी मित्र गणित में मेरी पकड़ पर मेरी इज्जत करेंगे।

अब 98 × 97 प्रश्न को लेकर उदाहरण के तौर पर हल करें, जो आपने अभी सीखा है।

अपनी आँखें बंद करके सूत्र का ध्यान करें, जिससे आप प्रश्न हल कर सकेंगे। आप देखेंगे कि आप प्रश्न का सही उत्तर दिमाग में ही हल कर पाएँगे।

सही उत्तर 9506 है।

❑

2

योग (जोड़)

15 मार्च, 2015 को 'इंडिया टुडे' में दिमागी जोड़ के महत्त्व पर एक कॉलम छपा था, जिससे पूरा देश अचंभे में था, ''कानपुर की एक लड़की ने दूल्हे के आसान गणित पहेली में अनुत्तीर्ण हो जाने पर शादी से मना कर दिया था।''

कानपुर की एक लड़की ने अपनी शादी से मना कर दिया, जब दूल्हा आसान से गणित के हल में फेल हो गया। उसने दूल्हे से 38 में 23 का जोड़ पूछा था। जब उसने 51 उत्तर दिया तो लड़की ने शादी से मना कर दिया।

अत: जोड़ को दिमाग से हल कर पाना महत्त्वपूर्ण है।

हम सब जानते हैं कि दाएँ से बाएँ योग कैसे होता है। यह बात हम बच्चों को सबसे पहले सिखाते हैं। गणितीय सूत्र हमें सिखाते हैं कि कैसे

दिमाग से योग करते हैं, वह भी बाएँ से दाएँ। अब आप पूछेंगे की बाएँ से दाएँ योग करने की क्या आवश्यकता है। सर्वप्रथम, यह विधि बाएँ से दाएँ प्रश्न को हल करना आसान बना देती है, खासकर आपके दिमाग में। कभी-कभी प्रतियोगी परीक्षाओं में हमें बाईं तरफ की संख्या ज्ञात करनी होती है। यह गणितीय सूत्र द्वारा आसानी से हल किया जा सकता है। अत: बिना देर किए हुए हम कुछ प्रश्न, जैसे—78 + 45 हल करते हैं। हम प्रश्न का साधारण निरूपण करते हैं—

$$\begin{array}{r} 7\ 8 \\ +\ 4\ 5 \\ \hline \end{array}$$

पद-1 : हम बाएँ से दाएँ 7 + 4 = 11 प्राप्त करते हैं। इस अंक को हम दिमाग में रखते है।

$$\begin{array}{r} 7\ 8 \\ +\ 4\ 5 \\ \hline 11 \end{array}$$

पद-2 : अब हम 8 और 5 का जोड़ जो 13 है, ज्ञात करते हैं। याद रहे, यह पद दिमाग में हल करना है। अब आप अपने आपसे कहो '11 और 13'। हमारा प्रश्न इस प्रकार दिखेगा—

$$\begin{array}{r} 7\ 8 \\ +\ 4\ 5 \\ \hline 11,13 \end{array}$$

पद-3 : अंतिम पद में, हम संयुक्त कर मध्य दो अंकों को चित्रानुसार जोड़ देते हैं। यह पद दिमाग से किया जा सकता है। अत: अभीष्ट उत्तर 123 है।

$$\begin{array}{r} 7\ 8 \\ +4\ 5 \\ \hline 11,13 \\ \mathbf{123} \end{array}$$

सरल और पर्याप्त है?

मैंने दक्षिण अफ्रीका के डरबन क्षेत्र में पाँचवीं कक्षा के पायलट प्रोजेक्ट के दौरान दक्षिण अफ्रीका की सरकार के साथ आश्चर्यचकित क्षण महसूस किया। वहाँ के बच्चे साधारण जोड़ में भी कठिनाई महसूस कर रहे थे। अत: हमने उन्हें समझने और याद रखने के लिए हाथ को हिलाकर जोर से 'combine' शब्द बोलने का छोटा सा कार्य किया। यह व्यायाम बुरे फल की तरह था। मैंने महसूस किया कि यदि हम हाथों को संयुक्तकर सूत्र से कार्य करते हैं तो बच्चे इसे आसानी से याद रख, अच्छा परिणाम प्राप्त कर सकते है।

अगला प्रश्न 87 + 69 लेते हैं। इसे निरूपित करते हैं—

$$\begin{array}{r} 87 \\ +69 \\ \hline \end{array}$$

पद–1 : हम दिमाग में 8 + 6 = 14 जोड़ते हैं। हम 14 अंक को दिमाग में रखते हैं।

$$\begin{array}{r} 87 \\ +69 \\ \hline \mathbf{14} \end{array}$$

पद–2 : अब हम 7 + 9 = 16 जोड़ते हैं।

```
   8 7
 + 6 9
-------
14, 16
```

पद–3 : अंतिम पद में हम मध्य 4 एवं 1 को जोड़ते या संयुक्त करते हैं। अतः हमारा उत्तर 156 है।

```
   8 7
 + 6 9
-------
14, 16
  156
```

अतः हम दिमाग में यह नियम याद रखते हैं। हम कहते हैं, "14 और 16—संयुक्त, संयुक्त—156।" मैं आशा करता हूँ कि यह आपको आईने की तरह साफ हो गया होगा।

अब हम दूसरा प्रश्न 48 + 97 लेते हैं, ठीक है, अब इसे दिमाग से चित्रानुसार हल करने का प्रयास करें।

आपके दिमाग से आवाज आएगी, "13 और 15 संयुक्त—145 उत्तर।" यह आसान है।

परंतु मुझे लगता है कि मुझे अभी भी पद दिखाने चाहिए। इस समय जरा जल्दी।

```
   4 8
 + 9 7
-------

   4 8
 + 9 7
-------
  13

   4 8
 + 9 7
-------
 13,15
```

```
   4 8
 + 9 7
 -----
 13,15
   145
```

यह आसान था।

आगे हम दो अंकों का योग कर सकेंगे। अब हम तीन अंकों का योग ज्ञात करेंगे।

बाएँ से दाएँ योग (जोड़)

जो तरीका अभी हमने सीखा, वह तीन-अंकीय तथा चार-अंकीय संख्याओं पर भी उपयोगी होता है। एक उदाहरण से हम समझते हैं—

उदाहरण : 582 + 759

```
   5 8 2
 + 7 5 9
 -------
```

पद-1 : हम प्रथम स्तंभ से जोड़ना प्रारंभ करते हैं। हम 5 + 7 = 12 जोड़ते हैं और इस अंक को दिमाग में रखते हैं। हमारा प्रश्न है—

```
   5 8 2
 + 7 5 9
 -------
   12
```

पद-2 : अब हम स्तंभ के मध्य अंकों को जोड़ते हैं। हम 8+5 =13 प्राप्त करते हैं। हम दो अंक 12 और 13 दिमाग में रखते हैं। अब हम इसे संयुक्त कर मध्य अंकों को जोड़ते हैं। द्वि-अंकीय जोड़ के अनुसार। अब हम दिमाग में मध्य अंकों को जोड़ने के बाद, 133 रखते हैं।

```
   5 8 2
 + 7 5 9
 -------
   12,13
   1 3 3
```

पद-3 : अंतिम पद में, हम अंतिम स्तंभ में 9 + 2 जोड़ते हैं। हमें 11 प्राप्त होता है। हम 133 और 11 को संयुक्त कर जोड़ प्राप्त करते हैं। अभीष्ट उत्तर 1341 हमारे सामने प्रस्तुत है।

```
  5 8 2
+ 7 5 9
-------
 12,13
  133,11
   1341
```

इस नई तकनीक और दिमाग से दिखाए अनुसार हल कर सकते हैं। कुछ अभ्यास के बाद इस तकनीक में आप पारंगत हो जाओगे। अन्य उदाहरण 983 + 694 लेकर इस तकनीक को और अच्छे से समझते हैं।

```
  9 8 3
+ 6 9 4
-------
```

पद-1 : यहाँ हम प्रथम स्तंभ के अंक बाएँ से दाएँ जोड़ते हैं। 9 + 6 = 15 प्राप्त करते हैं। हम अंक 15 को दिमाग में रखते हैं।

```
  9 8 3
+ 6 9 4
-------
  1 5
```

पद-2 : अब हम मध्य स्तंभ के अंक 8 + 9 = 17 जोड़ प्राप्त करते हैं। हम 15, 17 को संयुक्त करते हैं, जो हमें 167 देता है। हमारा प्रश्न है—

```
  9 8 3
+ 6 9 4
-------
 15,17
  167
```

पद-3 : हम अंतिम स्तंभ 3 + 4 = 7 प्राप्त करते हैं। हम पहले ही 167 को दिमाग में रखते हैं और अंक 7 को नीचे लिखकर अभीष्ट उत्तर प्राप्त करते हैं। यहाँ अंक 7 को संयुक्त करने की कोई आवश्यकता नहीं है, क्योंकि यह एक-अंकीय संख्या है।

```
   9 8 3
 + 6 9 4
--------
  15,17
   167,7
   1677
```

अत: अभीष्ट उत्तर 1677 है।

अब हम कुछ कठिन समस्याओं को इस विधि का उपयोग कर हल करते हैं।

बाएँ से दाएँ स्तंभाकार शीघ्र योग

हम 5273 + 7372 + 6371 + 9782 उदाहरण लेते हैं। हम निम्न प्रकार निरूपित करते हैं—

```
   5 2 7 3
   7 3 7 2
   6 3 7 1
 + 9 7 8 2
----------
```

पद-1 : यह प्रश्न हम इस अध्याय में पूर्व में सीखी हुई विधि से समान तरह से हल करते हैं। हम बाएँ से दाएँ स्तंभ से स्तंभ में जाकर हल करते हैं। हम यहाँ 5 + 7 + 6 + 9 = 27 प्राप्त करते हैं। हम 27 को दिमाग में रख अगले स्तंभ में जाते हैं।

```
   5 2 7 3
   7 3 7 2
   6 3 7 1
 + 9 7 8 2
----------
   27,
```

पद-2 : हम द्वितीय स्तंभ जोड़कर 2 + 3 + 3 + 7 = 15 प्राप्त करते हैं।

अब हम 27 को प्रथम स्तंभ के 15 से संयुक्त करते हैं। यह हमें 285 देता है। हमारा प्रश्न निम्न प्रकार है—

5 2 7 3
7 3 7 2
6 3 7 1
+ 9 7 8 2

27,15
285

पद-3 : अब हम तृतीय स्तंभ में जाकर 7 + 7 + 7 + 8 जोड़ते हैं, जो हमें 29 देता है।

हमारे दिमाग में पहले ही 285 है। अत: अब हम 285, 29 को संयुक्त करते हैं। जो हमें 2879 देता है। हमारा प्रश्न निम्नानुसार है—

5 2 7 3
7 3 7 2
6 3 7 1
+ 9 7 8 2

27,15
285,29
2879

पद-4 : अंतिम पद में, अंतिम स्तंभ में हम 3 + 2 + 1 + 2 = 8 प्राप्त करेंगे। चूँकि 8 एक-अंकीय संख्या है, तो इसे हम ऐसे ही लिख देंगे। हमारा उत्तर 28798 प्राप्त होता है। सरल ?

5 2 7 3
7 3 7 2
6 3 7 1
+ 9 7 8 2

27,15
285,29
28798

अब अन्य प्रश्न को आसानी से हल करते हैं।

हम निम्न संख्याएँ 8336 + 4283 + 3428 + 9373 लेते हैं और जोड़ प्रारंभ करते हैं।

```
  8 3 3 6
  4 2 8 3
  3 4 2 8
+ 9 3 7 3
---------
```

पद–1 : पूर्व की तरह 8 + 4 + 3 + 9 = 24 पहले स्तंभ से प्राप्त करते हैं। इसे हम दिमाग में रखते हैं।

```
  8 3 3 6
  4 2 8 3
  3 4 2 8
+ 9 3 7 3
---------
 24
```

पद–2 : बाएँ द्वितीय स्तंभ से 3 + 2 + 4 + 3 = 12 ज्ञात करते हैं। अब संयुक्त कर जोड़ते हैं। अतः हम 24, 12 से 252 प्राप्त करते हैं, जो हमारे दिमाग में है।

```
  8 3 3 6
  4 2 8 3
  3 4 2 8
+ 9 3 7 3
---------
  24,12
   252
```

पद–3 : हम तृतीय स्तंभ से अंक लेकर योग 3 + 8 +2 + 7 = 20 प्राप्त करते हैं। इन अंकों को संयुक्त कर हम अंक प्राप्त करते हैं। अतः 252, 20 के संयोजन से 2540 प्राप्त होता है।

```
  8 3 3 6
  4 2 8 3
  3 4 2 8
+ 9 3 7 3
---------
 24,12
   252,20
     2540
```

पद-4 : अंतिम पद में हम अंतिम स्तंभ का योग 6 + 3 + 8 + 3 = 20 प्राप्त करते हैं। 2540 और 20 के संयोजन से हमें अभीष्ट उत्तर 25420 प्राप्त होता है। हमारा प्रश्न निम्न प्रकार है—

```
  8 3 3 6
  4 2 8 3
  3 4 2 8
+ 9 3 7 3
---------
 24,12
   252,20
     2540,20
        25420
```

मेरे तजुर्बे से, लोग 10 के गुणज के निम्न अंकों का योग दिमाग से करने में काफी कठिनाई महसूस करते हैं, ऐसा मैंने ध्यान दिया है, परंतु, 10 के गुणज की निम्नतम संख्याओं का योग बहुत आसान है, यदि आपको इससे संबंधित गणितीय सूत्र ज्ञात है। मैं ऐसे अंकों 9, 19, 18, 48, 57 आदि को प्रस्तुत करता हूँ।

उदाहरणतया 24 + 9 ज्ञात करते हैं।

यह हल करना आसान है, यदि आप गणितीय सूत्र 'जोड़ एवं घटाव' का पालन करते हैं।

9, 10 के बहुत नजदीक है तथा इसका अंतर केवल 1 है। अत: हम 10 को 24 में जोड़ें तो यह अत्यंत सरल होगा तथा अंत में 1 घटा देते हैं, जो

कि और भी आसान होगा। हम अपने उत्तर तक पहुँच जाते हैं।

24 + 9 = 24 + 10 = 34 − 1 = 33, हमारा उत्तर है।

अब अन्य उदाहरण 56 + 8 लेते हैं।

हम यहाँ समान नियम प्रयोग करते हैं। 8, 10 के नजदीक है। हम 56 में 10 जोड़कर प्राप्त संख्या से 2 घटाकर अभीष्ट उत्तर प्राप्त कर सकते हैं।

56 + 10 = 66 − 2 = 64, हमारा उत्तर है। मैं आशा करता हूँ कि यह ज्ञात होगा कि 10 जोड़कर 2 क्यों घटाया है।

अब हम विभिन्न समस्याएँ इस सिद्धांत पर आधारित लेते हैं।

उदाहरणतया 46 + 18 ज्ञात करते हैं।

यहाँ हम 46 में 20 जोड़कर 66 प्राप्त करते हैं और तब उसमें से 2 घटाकर 64 उत्तर ज्ञात करते हैं। जो निम्न प्रकार है—

46 + 18 = 46 + 20 = 66 − 2 = 64

अन्य उदाहरण 168 + 19 ले सकते हैं।

यहाँ हम समान गणितीय सूत्र 'जोड़ एवं घटाव' का प्रयोग करते हैं।

अतः हम 168 + 19 = 168 + 20 = 188 − 1 = 187 प्राप्त करते हैं।

माना हमारे पास 458 + 38 है।

हम यहाँ समान गणितीय सूत्र 'जोड़ व घटाव' प्रयोग में लेते हैं।

अतः 458 + 40 = 498 − 2 = 496 उत्तर प्राप्त होता है।

मैं आपको बताना चाहूँगा कि इस प्रश्न को हम अलग तकनीक से भी ज्ञात कर सकते हैं।

458 + 38 = 460 + 40 = 500 − 2 − 2 = 496

वैदिक गणित आपको यह चुनने का मौका देता है। यहाँ एक और तकनीक प्रयोग में ली जा सकती है। आप अपनी इच्छानुसार एक प्रक्रिया चुन सकते हैं, जो आपको सरल लगे।

लक्ष्य की महत्त्वपूर्णता

यदि हमें अपनी जिंदगी में कुछ पाना है तो ज्ञात करना होगा कि अपना लक्ष्य कैसे निर्धारित करें! हमें अपने कार्य की दिशा एवं लक्ष्य-प्राप्ति पर कार्य

करना चाहिए तथा हम यह जानते हैं कि हम कहाँ खड़े हैं तथा हमें यहाँ से कहाँ जाना है।

इस छोटे से अध्याय में हम लक्ष्य को निर्धारित करना सीखेंगे, तत्पश्चात् गणित में अंक प्राप्त करना सीखेंगे।

माना आपने गणित में 60 प्रतिशत अंक प्राप्त किए हैं। इसका मतलब आप इस परीक्षा में 60 प्रतिशत जानते हैं, जो यह दिखाता है कि आपका यह विषय अच्छा है तथा आपने जिन प्रश्नों को हल नहीं किया या जो प्रश्न गलत किए, उसमें आप कमजोर हैं।

यह तरीका आपकी कमजोरी को मजबूती में बदल देगा। यह तकनीक कई विद्यार्थियों को ज्ञात नहीं है, परंतु यह तकनीक आपकी जिंदगी में काफी अवसर प्रदान करेगी और आपको पीछे नहीं देखना पड़ेगा।

प्रथम पद में यहाँ गणित के विषय में एक सूची बनाते हैं जो कि आप जानते हैं।

उदाहरणतया—

1. गुणन,
2. योग,
3. घटाव।

द्वितीय पद में गणित के उन विषय की सूची बनाते हैं जिसमें आप कमजोर हैं—

उदाहरणतया—

1. भाग या विभाजन,
2. रैखिक समीकरण,
3. युगपत समीकरण।

अब आपका लक्ष्य इन सभी विषयों को आपकी शक्ति में परिवर्तित कर देगा।

उदाहरणतया, सूची है—

गणित के लिए लक्ष्य सूची

शक्तिशाली	कमजोर
गुणन	विभाजन
योग	रैखिक समीकरण
घटाव	युगपत समीकरण

अब आप अपनी कमजोरी को शक्ति में बदल सकते हैं।

लक्ष्य सूची के साथ आप अपनी कमजोरी को दूर कर सकते हैं।

कमजोरी	पढ़ाई का	परीक्षा का समय	आत्मविश्वास प्रयास	शक्ति
विभाजन	2 घंटे	5	हाँ	हाँ
रैखिक समीकरण	1.5 घंटे	0	नहीं	नहीं
युगपत समीकरण	2.5 घंटे	1	नहीं	नहीं

इस तरह सूची बनाएँ और आपका लक्ष्य गणित में 100 प्रतिशत अंक प्राप्त करना है। अब आप केवल अपनी कमजोरी को शक्ति में बदलकर ही 100 प्रतिशत अंक प्राप्त कर सकते हैं।

इस सूची में आप पढ़ाई में प्रगति को भी टाइम टेबल पर प्रत्येक अध्याय के साथ लिख सकते हैं। आप होनेवाले टेस्ट और प्रत्येक अध्याय का आत्मविश्वास लिख सकते हैं। अतः आप प्रतिदिन सूची के अनुसार कार्य करके कमजोरी को शक्ति में बदल सकते हैं।

❑

3

वियोग (घटाव)

मैं आपसे एक प्रश्न करता हूँ, 123 × 999 कितने होते हैं? इसे आधार गणित से हल करें।

अच्छा, जब आप इस प्रश्न को हल कर सकते हैं, तो ईमानदारी से मुझे बताएँ कि क्या आपको 1000 में से 123 घटाने में कोई समस्या है? मैं अपनी प्रत्येक कार्यशाला में और विविध छात्र समूह तथा गणित के अध्यापकों से यह प्रश्न पूछता हूँ और उनका उत्तर 'हाँ' आता है।

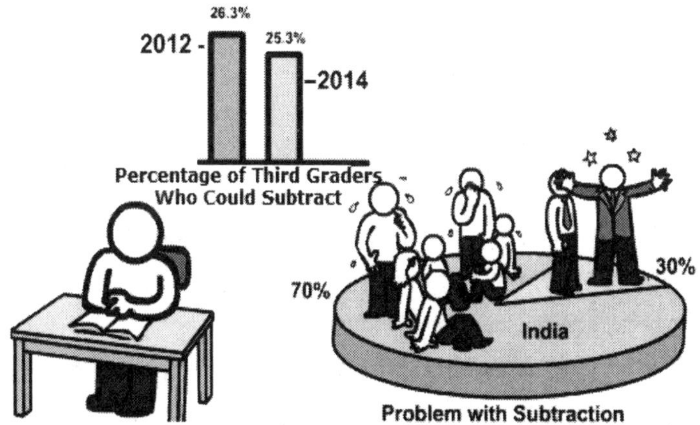

मैं इस बात को पूर्ण विवरण के साथ मान्य करूँगा। 2012 में भारत में तृतीय ग्रेड अर्थात् 26.3 प्रतिशत ही दो अंकों की संख्या का घटाव कर सकते हैं। ASER के अनुसार 2014 में यह संख्या 25.3 प्रतिशत थी। जरा सोचिए, 1.22 अरब भारतीयों में 70 प्रतिशत भारतीय घटाव की समस्या से जूझ रहे हैं।

अत: हम नए तथा अन्य घटाव के तरीकों को पुराने तरीकों से बदलकर सामने लाते हैं, क्योंकि वे स्पष्ट रूप से विफल रहे हैं। यदि हम बार-बार एक ही तकनीक लगाएँगे तो बार-बार हमें समान ही परिणाम प्राप्त होंगे।

तो क्यों न घटाव को सरल बनाया जाए?

अत: देवियों और सज्जनों! मैं आपके सामने घटाव का नया गणितीय सूत्र प्रस्तुत करता हूँ—सब 9 में से तथा अंतिम 10 में से अब इसकी विधियाँ याद करते हैं।

घटाव में 9 में से सब तथा 10 में से अंतिम सूत्र का प्रयोग

हम 1000 – 283 हल करते हैं।

यहाँ हम बाएँ से दाएँ हल करते हैं न कि दाएँ से बाएँ तथा हम घटाव के लिए गणितीय सूत्र का प्रयोग करते हैं, 9 में से सब तथा 10 में से अंतिम। अत: हम घटाव प्रारंभ करते हैं।

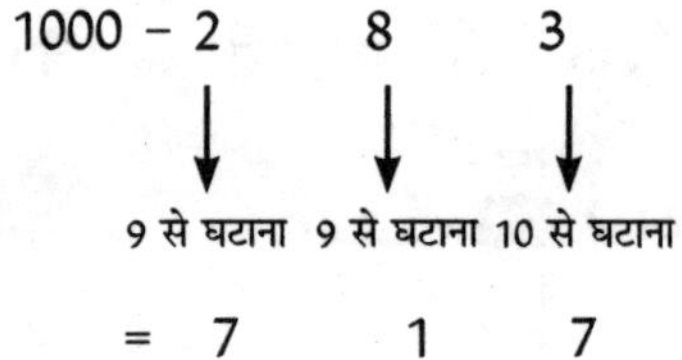

अत: हमारा उत्तर 1000 – 283 = 717 है।

पद-1 : 9 से सब तथा 10 में से अंतिम सूत्र का मतलब सभी संख्याओं को 9 में से तथा अंतिम संख्या को 10 में से घटाना है। अत: पहला पद 9–2 = 7 प्राप्त करते हैं। यह उत्तर का पहला भाग है।

पद-2 : दूसरे पद में हम पुन: 9 में से 8 घटाते हैं। अत: 9 – 8 = 1 यह उत्तर का दूसरा भाग है।

पद-3 : अंतिम पद में हम 3 को 10 में से घटाते हैं। अत 10 – 3 = 7 प्राप्त होता है, जो हमारे उत्तर का अंतिम भाग है।

अत: हमारा उत्तर 717 है।

अब हम दूसरा उदाहरण लेते हैं। 1000 – 476 ज्ञात करते हैं।

पद-1 : हम गणितीय सूत्र का प्रयोग करते हैं—

9 से सब तथा 10 में से अंतिम तथा अपना उत्तर प्राप्त करते हैं।

अतः हम बाएँ से दाएँ 9 – 4 = 5 प्राप्त करते हैं।

बाईं तरफ से 5 पहला उत्तर है।

पद–2 : द्वितीय पद में हम 9 – 7 = 2 प्राप्त करते हैं। उत्तर का मध्य अंक प्राप्त करते हैं।

पद–3 : अंत में हम 10 में से घटाएँगे, अतः 10 – 6 = 4 प्राप्त करते हैं।

हमारा अभीष्ट उत्तर 524 है।

1000 – 4 7 6

↓ ↓ ↓

9 से घटाना 9 से घटाना 10 से घटाना

= 5 2 4

अतः हमारा उत्तर 1000 – 476 = 524 है।

यहाँ में आपको कुछ बताना चाहूँगा। यह तकनीक 10 की सभी घातों जैसे 10, 100, 1000, 10000, 100000 आदि पर उपयोगी है। यह आधार अंक से घटाव की सबसे सरल तकनीक है। अतः उदाहरणतया, यदि हम 10000–1234 ज्ञात करते हैं, तो हम पुनः गणितीय सूत्र का प्रयोग करेंगे, जो निम्न प्रकार है—

पद–1 : हम बाएँ से दाएँ घटाना प्रारंभ करते हैं। अतः पहले हम 9 – 1 = 8 प्राप्त करते हैं।

पद–2 : अब हम 9 – 2 = 7 प्राप्त करते हैं।

पद–3 : 9 – 3 = 6

पद–4 : अंत में, अंतिम पद 4 को 10 में से घटाते हैं।

अतः 10 – 4 = 6

हमारा अभीष्ट उत्तर 8766 है।

अब हम तीन सरल उदाहरण लेकर प्रश्नों को हल करते हैं—

1. 1000 – 547

हाँ! मुझे विश्वास है कि दिमाग से आप इसे हल कर सकेंगे। आप 9 से सब तथा 10 में से अंतिम सूत्र का प्रयोग करते हैं और अभीष्ट उत्तर 453 प्राप्त करते हैं।

2. 1000 – 346

हम पहले की तरह समान सूत्र का प्रयोग करते हैं। अतः अभीष्ट उत्तर 654 प्राप्त करते हैं।

3. 10000 – 5389

यदि यहाँ संख्या चार अंकों की या उससे अधिक हो, तब भी हम समान गणितीय सूत्र को उपयोग में लाते हैं। अतः हमारा उत्तर 4611 है।

यह तकनीक केवल 10 की घातों, जैसे—10,100, 1000, 10000 आदि पर ही प्रयोग की जा सकती है।

'9 में से सब तथा 10 में से अंतिम' सूत्र द्वारा आप इस तरह के प्रश्न दिमाग में ही आश्चर्यजनक रूप से हल करने में सक्षम होते हैं।

सुपर (उत्तम) घटाव

अब मैं सुपर (उत्तम) घटाव को प्रस्तुत करने जा रहा हूँ। आप इसके प्रयोग से किसी भी अंक को किसी भी अंक से दिमाग से हल कर लेंगे। मेरे एक मित्र डॉ. बी.एस. किरन ने सत्तर अंकों वाली संख्या में से सत्तर अंकों वाली संख्या का घटाव 60 सेकंड में ज्ञात कर 'गिनीज बुक ऑफ वर्ल्ड रिकॉर्ड' बनाया था। उन्होंने वही तकनीक प्रयोग में ली थी, जो मैं आपको बताने जा रहा हूँ। मजाक-मजाक में हम इसे 'सुपर घटाव' कहते हैं।

हम पहला उदाहरण लेते हैं। हम 651 – 297 ज्ञात करते हैं। हम इसे साधारण रूप में निरूपित करते हैं—

$$\begin{array}{r} 651 \\ -297 \\ \hline \end{array}$$

पद-1 : हम बाएँ से दाएँ घटाव करते हैं। हम 6 − 2 = 4 प्राप्त करते हैं।

$$\begin{array}{r} 651 \\ -297 \\ \hline \mathbf{4} \end{array}$$

पद-2 : द्वितीय पद में हम देखते हैं कि 9 तल की संख्या 5 ऊपर की संख्या से अधिक है। अत: परिणाम ऋणात्मक प्राप्त होगा। हम पिछले पद 4 में से 1 हासिल लेकर 3 प्राप्त करते हैं।

हम 5 के ऊपर 1 लेकर इसे 15 बनाते हैं। अत: 15 − 9 = 6, मध्य अंक प्राप्त करते हैं।

$$\begin{array}{r} 6^{1}51 \\ -297 \\ \hline \cancel{4} \\ 36 \end{array}$$

पद–3 : अंतिम पद में हम तृतीय स्तंभ पर आते हैं, हम देखते हैं कि तल 7, ऊपरी संख्या 1 से बड़ा है। हम पिछले पद की प्रकिया को दोहराते हैं।

चूँकि हमें अंतिम स्तंभ में ऋणात्मक संख्या प्राप्त हो रही है, अत: हम पिछले स्तंभ से 6 में से 5 घटा देते हैं तथा उपसर्ग के रूप में 1 लगा देते हैं। जिससे यह 11 हो जाता है।

11 – 7 = 4। अत: हमारा उत्तर 354 प्राप्त होता है।

$$\begin{array}{r} 6^{1}5^{1}1 \\ -297 \\ \hline \cancel{4} \\ \mathbf{3\cancel{6}54} \end{array}$$

अवश्य ही हम यह पद पारंपरिक घटाव में समान पद प्रयोग कर सकते हैं, परंतु थोड़े से बदलाव के साथ। आप इस विधि से तुरंत उत्तर ज्ञात कर बता सकते हैं तथा इस विधि से तुरंत हल ज्ञात कर सकते हैं।

अब अन्य उदाहरण को लेते हैं तथा इसमें नया गणितीय सूत्र प्रयोग में लाते हैं। 425 – 168 ज्ञात करते हैं।

$$\begin{array}{r} 425 \\ -168 \\ \hline \end{array}$$

पद–1 : हम बाएँ से दाएँ हल कर सकते हैं। अत: हम 4 – 1 = 3 प्राप्त करते हैं। 3 को नीचे लिखते हैं,

$$\begin{array}{r} 425 \\ -168 \\ \hline \mathbf{3} \end{array}$$

पद–2 : अगले पद में परिणाम ऋणात्मक प्राप्त हो रहा है। अंक 6 अंक 2

से बड़ा है। अतः हम एक पद पूर्व जाकर 3 को 2 में बदल देते हैं तथा 2 पर हासिल लगाते हैं। हम 1 को 2 पर लगाते हैं और इसे 12 बनाते हैं। 12 − 6 = 6। 6 को नीचे लिखकर उत्तर का मध्य अंक प्राप्त करते हैं। हमारा उत्तर निम्न प्रकार है—

$$\begin{array}{r} 4{}^{1}25 \\ -168 \\ \hline \end{array}$$

~~3~~26

पद-3 : अंतिम पद में पुनः अंक 8 अंक 5 से बड़ा है। अतः हमें ऋणात्मक परिणाम प्राप्त होता है। हम मध्य अंक 6 को 5 में बदल देते हैं तथा हासिल 1 आगे बढ़ाकर 5 को 15 बनाते हैं।

15 − 8 = 7

अतः हमारा उत्तर 257 है।

$$\begin{array}{r} 4{}^{1}2{}^{1}5 \\ -168 \\ \hline \end{array}$$

~~3~~2~~6~~57

मौखिक घटाव

आप बाएँ से दाएँ उत्तर अंक को मौखिक बता सकते हैं। अतः 425 −168 को हल करके देखते हैं।

पद-1 : 4 −1 = 3

पद-2 : 2 − 6 ऋणात्मक, अतः 3 को 2 में बदलकर 12 − 6 = 6 प्राप्त करते हैं।

पद-3 : 5 − 8 = ऋणात्मक, अतः 6 को 5 में बदलकर 15 − 8 = 7 प्राप्त करते हैं।

अभीष्ट उत्तर 257 है।

अब अन्य उदाहरण लेते हैं, इस बार चार अंकीय प्रश्न 7643 − 4869 को ज्ञात करते हैं—

$$\begin{array}{r} 7643 \\ -4869 \\ \hline \end{array}$$

पद–1 : हम बाएँ से दाएँ घटाते हैं—

7 – 4 = 3

$$\begin{array}{r} 7643 \\ -4869 \\ \hline 3 \end{array}$$

पद–2 : द्वितीय पद में हम देखते हैं कि 6 – 8 से ऋणात्मक अंक प्राप्त होता है।

अत: हम 3 को घटाकर 2 करते हैं तथा 1 को 6 पर हासिल लगाकर 16 प्राप्त करते हैं।

अत: 16 – 8 = 8

हमारा उत्तर 28 प्राप्त होता है।

$$\begin{array}{r} 7^{1}643 \\ -4869 \\ \hline \not{3}28 \end{array}$$

पद–3 : तृतीय पद में हम देखते हैं कि अंक 6 अंक 4 से बड़ा है। अत: पूर्व पद अनुसार 8 को घटाकर 7 तथा 4 पर हासिल लगाकर 14 प्राप्त करते हैं। अत: 14 – 6 = 8। उत्तर 278 प्राप्त होता है।

$$\begin{array}{r} 7^{1}6^{1}43 \\ -4869 \\ \hline \not{3}2\not{8}78 \end{array}$$

पद–4 : अंतिम पद में हम देखते हैं कि अंक 9 अंक 3 से बड़ा है।

अत: हम पूर्वानुसार 8 को 7 में तथा 1 हासिल लगाकर 3 को 13 बनाते हैं।

13 – 9 = 4, यह हमारा अंतिम उत्तर अंक है।

अत: हमारा अभीष्ट उत्तर 2774 है।

$$\begin{array}{r} 7^{1}6^{1}4^{1}3 \\ -4869 \\ \hline \not{3}2\not{8}7\not{8}74 \\ 2774 \end{array}$$

मैं आशा करता हूँ कि आप घटाव के गणितीय सूत्र को समझ चुके हैं। अब मैं थोड़ा बड़ा प्रश्न प्रस्तुत करूँगा, जो आप इस गणितीय सूत्र की सहायता से हल कर सकोगे। मैं अब बड़ा प्रश्न हल करूँगा, क्योंकि मैं आपको दिखाना चाहता हूँ कि बड़े प्रश्न को किस तरह से गणितीय सूत्र द्वारा हल किया जा सकता है। यदि आपने यह प्रश्न हल कर लिया तो आपको दो अंकों अथवा तीन अंकों के प्रश्न तुच्छ लगने लगेंगे।

हम 638475 – 429763 हल करते हैं।

$$\begin{array}{r} 638475 \\ -429763 \\ \hline \end{array}$$

पद-1 : हम इसे बाएँ से दाएँ हल करते हैं। 6 – 4 = 2 तथा 3 – 2 = 1

हम 2 तथा 1 को उत्तर अंक के स्थान पर लिखते हैं।

$$\begin{array}{r} 638475 \\ -429763 \\ \hline 21 \end{array}$$

पद-2 : दाएँ से तीसरे स्तंभ में हम देखते हैं कि अंक 8 अंक 9 से छोटा है, अतः हम पूर्वानुसार प्रश्न हल करते हैं। हम 21 को 20 बनाकर उपसर्ग के रूप में 8 पर हासिल 1 लगाकर इससे 18 बनाते हैं। अतः

18 – 9 = 9

अतः हमें 209 प्राप्त होता है।

$$\begin{array}{r} 63^{1}8475 \\ -4\,29763 \\ \hline 2\not{1}09 \end{array}$$

पद-3 : पुनः चतुर्थ स्तंभ में हम देखते हैं कि 7, 4 से बड़ा है।

अतः हम पूर्वानुसार 209 को 208 में परिवर्तित कर देते हैं।

हम हासिल 1 को उपसर्ग के रूप में 4 पर उपयोग कर इसे 14 बनाते हैं। 14 – 7 = 7। हम 2087 को याद रखते हैं।

$$
\begin{array}{r}
63^{1}8^{1}475 \\
-429763 \\
\hline
2\not{1}0\not{9}87
\end{array}
$$

पद-4 : इस पद में साधारण घटाव करते हैं। 7 - 6=1 तथा 5 - 3 = 2

हमारा अभीष्ट उत्तर 208712 प्राप्त होता है।

$$
\begin{array}{r}
63^{1}8^{1}475 \\
-429763 \\
\hline
2\not{1}0\not{9}8712
\end{array}
$$

मेरे अनुसार आप घटाव को अच्छी तरह से समझकर विभाजन के लिए गणितीय सूत्र को समझने के लिए तैयार हैं। सुपर घटाव की सहायता से आपके पास कई रिकॉर्ड बनाने का भी मौका है।

यदि सत्तर अंक की संख्या को एक मिनट से कम समय में हल कर सकते हैं, तो आप पुराने 'गिनीज बुक ऑफ वर्ल्ड रिकॉर्ड' को तोड़कर नया 'गिनीज बुक ऑफ वर्ल्ड रिकॉर्ड' बना सकते हैं। मेरे साथियों, तब तक अभ्यास करते रहें, जब तक आप अभ्यास कर-करके महारत हासिल नहीं कर लेते।

अब कुछ प्रश्नों को दिमाग से तुरंत हल करने का प्रयास करते हैं। मेरा विश्वास है, आप ऐसा कर सकते हैं। अपनी आँखें बंद रखें, क्योंकि यह बहुत सरल तकनीक है।

अत: 82 - 8 कितना है ?

तकनीक याद करें। 82-10= 72 + 2 = 74। हाँ, यही हमारा उत्तर है।

अब अन्य उदाहरण लेते हैं, 94 - 17। इस प्रश्न को आँखें बंद कर वैदिक गणित के साथ हल कीजिए।

94 - 20 = 74 + 3 = 77

यदि आपने इसका उत्तर दिमाग से हल किया तो आप प्रश्न में अच्छे हैं। यदि नहीं तो कोई बात नहीं, पुनः इस अध्याय का अध्ययन कीजिए, मैं विश्वास दिलाता हूँ आप उत्तीर्ण होंगे।

गणित कौशल और सुनना

क्या आप जानते हैं कि गणित में 90 प्रतिशत सफलता इस बात पर है कि आप कितने अच्छे श्रोता हैं ? यदि आप पूर्ण रूप से अपने गणित अध्यापक को सुनते हैं, तो आपमें प्रश्न जल्दी हल करने की क्षमता बढ़ती है, परंतु यदि आप कल रात देखी फिल्म के बारे में ही सोचते रहे तो गणित में अच्छे अंक प्राप्त करने का मौका कम होगा। अतः गणित में कौशल प्राप्त करने के लिए अच्छा श्रोता होना आवश्यक है।

इस उदाहरण की तरह यदि आप केवल मुझे सुन रहे हैं और ध्यान से नहीं सुन रहे हैं तो अभी पूर्ण किए हुए अध्याय को समझने का मौका आपने गँवा दिया। मैं आपको अच्छे श्रोता बनने के लिए पाँच तरीके बताता हूँ—

1. गणित की कक्षा में सीधे बैठें तथा सावधान रहें।
2. अध्यापक से आँखें मिलाएँ। अपना ध्यान आसानी से न भटकाएँ।
3. अपना ध्यान गर्दन हिलाकर व्यक्त करें।
4. यदि आपको कोई अध्याय समझ नहीं आ रहा है तो बेझिझक प्रश्न पूछें। कुछ विद्यार्थी प्रश्न पूछने में शर्माते हैं, क्योंकि वे सोचते हैं कि उनके मित्र उन पर हँसेंगे। प्रश्न पूछना आपकी बुद्धिमत्ता को दर्शाता है। यदि आप प्रश्न नहीं पूछेंगे तो आप कभी नहीं जान पाएँगे कि क्या सही है और क्या गलत।
5. अध्यापक को बीच में न टोकें। अध्यापक के प्रश्न पूर्ण करने तक रुकें। फिर सही ढ़ग से अपना प्रश्न पूछें। तब आप जल्द ही अच्छे अंक प्राप्त करना आरंभ कर देंगे।

प्रतियोगी परीक्षाओं में आपको अच्छे अंक आसानी से प्राप्त होंगे यदि गणित में आपका आधार अच्छा है। यदि आपका आधार अच्छा नहीं है तो वैदिक गणित की सहायता से तैयारी करना शुरू करें।

❑

4

विभाजन (भाग)

"क्रिस्टल का जन्म दिन कब है?"

आज जैसे ही मैं लिखूँगा, यह समस्या इंटरनेट पर धमाका मचा देगी तथा प्रसिद्ध हो जाएगी। क्रिस्टल के जन्मदिन की चुनौती, सिंगापुर तथा एशियन ओलंपिया विद्यालय उच्च विद्यालय में से अच्छे विद्यार्थी का चयन करना था।

मैंने यह चुनौती पुन: इसलिए ली, ताकि आप भी इसे हल कर सकें।

अल्बर्ट और बेनर्ड अभी क्रिस्टल से मिले। अल्बर्ट ने क्रिस्टल से पूछा, "आपका जन्मदिन कब है?" क्रिस्टल ने कुछ देर सोचा, फिर कहा, "मैं नहीं बताऊँगा, पर मैं तुम्हें कुछ संकेत दूँगा।" उसने दस तारीख लिखीं—

15 मई, 16 मई, 19 मई

17 जून, 18 जून

14 जुलाई, 16 जुलाई

14 अगस्त, 15 अगस्त, 17 अगस्त

"मेरा जन्मदिन इनमें से किसी दिन है।" उसने कहा।

तब क्रिस्टल ने अल्बर्ट के कान में फुसफुसाया, 'महीना और केवल महीना अपने जन्मदिन का।' बेनर्ड के कान में उसने फुसफुसाया—'दिन और केवल दिन।'

"क्या इसे ज्ञात कर सकते हो?" उसने अल्बर्ट से कहा।

अल्बर्ट ने कहा, "मुझे तुम्हारा जन्मदिन नहीं पता, परंतु इतना पता है कि बेनर्ड को भी नहीं पता।"

बेनर्ड ने कहा, "मैं वास्तव में नहीं जानता, परंतु मैं ज्ञात कर सकता हूँ।"

अल्बर्ट ने कहा, "अच्छा, मैं भी अब ज्ञात कर सकता हूँ।"

क्रिस्टल का जन्मदिन कब है ?

अब क्रिस्टल के बारे में बहुत हुआ। अब हम गणितीय सूत्र की सहायता से विभाजन का गहन अध्ययन करेंगे।

विभाजन में प्रयुक्त विधि 'फ्लैग विधि' प्रयोग करते हैं। इस विधि को हम दो भागों में सीखेंगे। प्रथम भाग में हम महत्त्वपूर्ण पद तथा द्वितीय भाग में विभाजन समस्या को हल करना सीखेंगे।

फ्लैग विधि से विभाजन

हम 848 को 31 से विभाजित करेंगे। यहाँ 848 भाज्य तथा 31 विभाजक है। इसे हम निम्न प्रकार से लिखते हैं—

$$3^{1} \mid 8\ 4\ 8$$

यदि आप ध्यान दें तो हमारे भाज्य 31 में हमने 1 को 3 के ऊपर फ्लैग की तरह लिखा है। यह 3 की घात 1 नहीं है, परंतु 3 ने 1 को बढ़ाया। 3 हमारा फ्लैग बिंदु तथा 1 हमारा फ्लैग है।

चूँकि हमारे फ्लैग में केवल एक अंकीय संख्या है, तो हम बाईं ओर पहली संख्या को विभाजित करेंगे। यह विभाजन दिखाता है कि दशमलव बिंदु कहाँ होगा। विभाजन विधि प्रारंभ करने से पूर्व दो नियमों को याद रखना आवश्यक है।

प्रथम नियम : हम फ्लैग बिंदु से विभाजन करेंगे।

द्वितीय नियम : हम प्रश्न के फ्लैग को पूर्व भागफल से गुणा कर घटाएँगे तथा इसे प्रथम नियम के परिणाम से घटाएँगे।

अब हम अपनी समस्या को हल करने का प्रयास करते हैं। हमारा प्रश्न 841 को 37 से विभाजन करना है।

पद-1 : हम 8 को 3 से विभाजित करेंगे। यहाँ हमें भागफल संख्या 2 तथा शेषफल संख्या 2 प्राप्त होती है। हम भागफल संख्या को उसके स्थान पर लिखते हैं। हम अपने शेषफल को 4 के आगे उपसर्ग के रूप में प्रयोग कर इसे 24 बनाते हैं।

$$\begin{array}{c|c|c} 3^1 & 8_2 4 & 8 \\ \hline & 2 & \end{array}$$

पद–2 : अगले पद में हम फ्लैग को पूर्व भागफल से गुणा करके 24 में से घटाते हैं।

यहाँ फ्लैग 1 है तथा पूर्व भागफल अंक 2 है। (1 × 2 = 2)। अत: 24 – 2 = 22

पद–3 : अत: विभाजन और घटाव का एक चक्र पूर्ण होता है। हम पुन: इस चक्र का अनुसरण करते हैं। अत: हम 22 को 3 से विभाजित करते हैं, अत: हमें भागफल के रूप में 7 तथा शेषफल के रूप में 1 प्राप्त होता है। यह शेषफल 8 के उपसर्ग के रूप में इसे 18 बनाता है।

$$\begin{array}{c|c|c} 3^1 & 8_2 4 & {}_1 8 \\ \hline & 27 & \end{array}$$

पद–4 : पदों के निरंतर क्रम में हम 1 × 7 = 7 को 18 में से घटाएँगे।

18 – 7 = 11 तथा 11 को 3 से विभाजित करने पर 3 के साथ शेषफल 3 बचता है। हम 3 को नीचे लिखेंगे तथा शेषफल 2 को अगले पद में प्रयोग करेंगे। अत: हमारा उत्तर 27.3 प्राप्त होता है।

$$\begin{array}{c|c|c} 3^1 & 8_2 4 & {}_1 8_2 \\ \hline & 27 & 3 \end{array}$$

हमारा उत्तर 27.3 है, एक दशमलव स्थान के साथ चूँकि यह विधि कठिन लगती है, परंतु इसके लगातार अभ्यास से यह अच्छे अंक के साथ परीक्षा में आपका समय भी बचाती है। यह डाटा निरूपण में भी आपकी सहायता करती है। यह विधि आपको एक पंक्ति में शुद्ध उत्तर एवं पारंपरिक विधि में उत्पन्न त्रुटि से दूर रखती है।

आपको बस विभाजक और घटाव की आवश्यकता है। इस विधि के

दो पद सही उत्तर ज्ञात करने के लिए महत्त्वपूर्ण हैं।

हम अन्य उदाहरण लेते हैं। हम 651 को 31 से विभाजित करते हैं।

प्रश्न हल करने से पूर्व इसका उचित निरूपण करते हैं—

3^1	65	1

पद–1 : हम 6 को फ्लैग बिंदु 3 से विभाजित करते हैं। यह हमें भागफल 2 तथा शेषफल 0 देता है। हम 0 को उपसर्ग के रूप में 5 पर प्रयोग कर उसे 05 बनाते हैं।

3^1	$6_0 5$	1
	2	

पद–2 : अगले पद में हम घटाएँगे।

अत: 5 – (1 × 2) = 5 – 2 = 3

हम 3 को याद रखेंगे।

पद–3 : अब हम विभाजित करेंगे।

3 को 3 से विभाजित करने पर 1 प्राप्त होता है, जिसे हम अगली भागफल संख्या के रूप में लिखते हैं और शेषफल 0 है, जो 1 के आगे लिखते हैं।

3^1	$6_0 5$	$_0 1$
	2 1.	0

पद–4 : अब हम घटाते हैं [1 – (1 × 1)]=0

3 से 0 को विभाजित करने पर 0 प्राप्त होता है।

अत: हमारा उत्तर 21.0 है।

3^1	$6_0 5$	$_0 1$
	2 1.	0

अब नया प्रश्न 5576 ÷ 25 लेते हैं।

इसका उचित निरूपण करते हैं—

2^5	5 5 7	6

पद–1 : अब हम विभाजित करते हैं।

5 को 2 से विभाजित करने पर भागफल 2 तथा शेषफल 1 प्राप्त होता है।

हम शेषफल 1 को 5 के आगे लगाकर 15 प्राप्त करते हैं।

2^5	$5\,{}_{1}5\,7$	6
	2	

पद–2 : विभाजन के पश्चात् घटाते हैं।

अतः हम 15 में से (5 × 2) घटाते हैं। 15 – 10 = 5। हम 5 को याद रखते हैं।

पद–3 : घटाव के पश्चात् हम विभाजन करते हैं। 5 को 2 से विभाजित करने पर भागफल 2 तथा शेषफल 1 प्राप्त होता है। हम 2 को नए भागफल अंक के रूप में तथा 1 को 7 के आगे उपसर्ग के रूप में लिखते हैं, 17 बनाते हैं।

2^5	$5\,{}_{1}5\,{}_{1}7$	6
	2 2	

पद–4 : अब हम घटाते हैं।

17 – (5 × 2) = 17 – 10 = 7

घटाव के बाद हम फ्लैग बिंदु से विभाजित करेंगे। अतः 7 को 2 से विभाजित करने पर भागफल 3 और शेषफल 1 प्राप्त होता है, जिसे 6 के पूर्व प्रयोग कर 16 बनाते हैं।

2^5	$5\,{}_{1}5\,{}_{1}7$	${}_{1}6$
	223	

पद–5 : अब विभाजन के बाद घटाते हैं।

16 – (5 × 3) = 16 – 15 = 1

अब विभाजित करते हैं।

अतः 2 को 2 से विभाजित करने पर भागफल 0 तथा शेषफल 1 प्राप्त करते हैं जो हम अगले पद में प्रयोग करते हैं। प्रश्न में हासिल लेकर हम 0 को 10 बनाते हैं।

2^5	$5_1 5_1 7$	$_1 6_1 0$
	223.	0

पद-6 : इस पद में पहले हम घटाते हैं।

10 − (5 × 0) = 10 − 0 = 10

10 को 2 से विभाजित करने पर भागफल 5 तथा शेषफल 0 प्राप्त होता है।

अतः हमारा उत्तर 223.05 है।

2^5	$5_1 5_1 7$	$_1 6_1 0$
	223.	05

यदि आपको प्रश्न हल करने में अब भी कठिनाई आ रही है तो आपने इसके नियम सही तरह से समझे नहीं हैं। यदि आप इसके पदों पर ध्यान दें तो आप 100 प्रतिशत हल कर पाएँगे। मैं एक बार और नियम समझाता हूँ।

नियम-1 : हम फ्लैग बिंदु से विभाजित करते हैं।

नियम-2 : हम फ्लैग से प्राप्त हल को पूर्व भागफल से गुणा कर घटाते हैं।

हम अन्य उदाहरण 2924 ÷ 72 हल करते हैं।

इसे हल करने का प्रयास करें।

7^2	2 9 2	4

पद-1 : पहला पद विभाजन है।

अतः हम 29 को 7 से विभाजित करते हैं। यह हमें भागफल 4 तथा शेषफल 1 देता है, जो कि 2 के पूर्व लगाकर 12 प्राप्त करते हैं।

7^2	2 9 $_1$2	4
	4	

पद–2 : अब हम घटाएँगे। हम प्रश्न के फ्लैग बिंदु को पूर्व भागफल से गुणा कर घटाते हैं।

अतः 12 – (2 × 4) = 12 – 8 = 4

4 को 7 से विभाजित करने पर भागफल 0 तथा शेषफल 4 प्राप्त होता है। हम 4 को 4 के पूर्व लगाकर 44 प्राप्त करते हैं।

7^2	2 9 $_1$2	$_4$4
	4 0.	

पद–3 : अगला पद घटाव है।

44 – (2 × 0) = 44 – 0 = 44

अब हम फ्लैग बिंदु 7 से विभाजित करते हैं। अतः 44 को 7 से विभाजित करने पर भागफल 6 तथा शेषफल 2 प्राप्त होता है। प्रश्न से हासिल लेकर 0 को लगाकर 20 प्राप्त करते हैं।

7^2	2 9 $_1$2	$_4$4 $_2$0
	4 0.	6

पद–4 : अब हम घटाते हैं।

20 – (2 × 6) = 20 – 12 = 8

8 को 7 से विभाजित करने पर 1 प्राप्त होता है, जिसे नीचे लिखते हैं। अतः दशमलव के दो स्थान पर बिंदु के साथ उत्तर 40.61 प्राप्त होता है।

7^2	2 9 $_1$2	$_4$4 $_2$0
	4 0.	61

अब हम इस विधि से पूर्ण रूप से परिचित हो चुके हैं। अब हम 'परिवर्तित शेषफल' को समझेंगे, जो हमें ऋणात्मक मान के साथ प्रश्न हल करना सिखाएगा।

परिवर्तित शेषफल (Altered Remainders)

प्रश्न 43 ÷ 8 लेते हैं।

यहाँ हमारा भागफल 5 तथा शेषफल 3 है।

परंतु हम अपने शेषफल को बढ़ाना चाहेंगे, ऐसा कैसे करेंगे?

अच्छा! हम भागफल में कमी करके ऐसा कर सकते हैं। अतः यह ऐसा लगेगा।

भागफल	शेषफल
5	3
4	3 + 8 = 11
3	11 + 8 = 19
2	19 + 8 = 27
1	27 + 8 = 35

यहाँ हम क्रमागत भागफल घटाते हैं तथा हमारे शेषफल को बढ़ाते हैं।

हम अन्य उदाहरण 28 ÷ 5 ज्ञात करते हैं।

माना हम अपने शेषफल को बढ़ाना चाहते हैं, ऐसा कैसे कर सकते हैं?

पुनः इसे भागफल घटाकर कर सकते हैं।

भागफल	शेषफल
5	3
4	3 + 5 = 8
3	8 + 5 =13
2	13 + 5 = 18
1	18 + 5 = 23

अतः हम देखते हैं कि भागफल को घटाने पर शेषफल बढ़ता है। अब हम विभाजन विभाग के अन्य विभाग में चलते हैं, जहाँ हम परिवर्तित शेषफल

के सिद्धांत का प्रयोग करेंगे।

अतः हम 3412 ÷ 24 ज्ञात करते हैं।

प्रश्न हल करने से पूर्व मैं आपको एक गणना दूँगा। देखो, यदि गणना में आपको ऋणात्मक मान प्राप्त हो और वहाँ केवल एक ही पद हो।

हम प्रश्न का निरूपणकर उसे हल करना प्रारंभ करेंगे। चूँकि फ्लैग में एक-अंकीय संख्या 4 है। अतः हम 2 के पूर्व तथा 1 के पश्चात् दशमलव बिंदु लगाएँगे।

$$\begin{array}{c|ccc|c} 2^4 & 3 & 4 & 1 & 2 \\ \hline \end{array}$$

पद-1 : पहले हम 3 को 2 से विभाजित करेंगे, जो हमें भागफल 1 तथा शेषफल 1 देता है, जो कि 4 का पूर्व उपयोग कर 14 प्राप्त करते हैं।

$$\begin{array}{c|ccc|c} 2^4 & 3 & {}_{1}4 & 1 & 2 \\ \hline & 1 & & & \end{array}$$

पद-2 : विभाजन के बाद हम घटाते हैं।

14 – (4 × 1) = 14 – 4 = 10

इसे हम याद रखेंगे।

पद-3 : घटाव के बाद विभाजन करेंगे।

हम 10 को 2 से विभाजित करेंगे जिससे हमें भागफल 5 तथा शेषफल 0 प्राप्त होगा, जिसे 1 से पूर्व 0 लगाकर 01 प्राप्त करते हैं।

$$\begin{array}{c|ccc|c} 2^4 & 3 & {}_{1}4 & {}_{0}1 & 2 \\ \hline & 1 & 5 & & \end{array}$$

पद-4 : विभाजन के पश्चात् हम घटाएँगे।

अतः 01 – (4 × 5) = 01 – 20 = –19

अब हमें प्रश्न में ऋणात्मक मान प्राप्त हुआ है। अतः हम पूर्व पद का प्रयोग नहीं कर सकते हैं।

अतः हम एक पद पूर्व जाकर शेषफल को भागफल कम करके बदलते हैं।

हम 5 को कम करके 4 तथा शेषफल 0 को बढ़ाकर 2 करते हैं।

यहाँ 21 – (4 × 4) = 21 – 16 = 5 प्राप्त होता है।

5 को याद रखते हैं।

2^4	3 $_1\not{4}$ $_2 1$	2
	1 5 4	

पद–5 : अतः हम विभाजन करेंगे।

5 को 2 से विभाजित करने पर भागफल 2 तथा शेषफल 1 प्राप्त होता है। 1 को 2 के पूर्व लगाकर 12 बनाते हैं।

2^4	3 $_1\not{4}$ $_2 1$	$_1 2$
	1 5 4 2.	

पद–6 : अब हम घटाएँगे।

12 – (4 × 2) = 12 – 8 = 4

4 को याद रखते हैं।

पद–7 : 4 को 2 से विभाजित करने पर भागफल 2 तथा शेषफल 0 प्राप्त होता है, जिसे 0 के पूर्व लगाएँगे।

2^4	3 $_1 4$ $_2 1$	$_1 2$ $_0 0$
	1 5 4 2.	2

पद–8 : हमें ऋणात्मक मान प्राप्त हुआ है। ध्यान रहे, प्रश्न यहाँ समाप्त नहीं होता, क्योंकि 00 प्राप्त हुई है।

बल्कि अगला पद 00 – (4 × 2) = ऋणात्मक होगा।

अतः हम एक पद पूर्व जाकर भागफल 2 को 1 में बदलते हैं तथा अपना उत्तर 142.1 प्राप्त करते हैं।

$$\begin{array}{c|c|c} 2^4 & 3\ \ {}_{1}4\ \ {}_{2}1 & {}_{1}2\,{}_{2}0 \\ \hline & 1\ \ \not{5}\ \ 4\ \ 2. & \not{2}1 \end{array}$$

पद-9 : हम आगे बढ़ते हैं और अन्य दशमलव अंक प्राप्त करने के लिए शून्य जोड़कर विभाजन तथा घटाव का समान पद प्रयोग करते हैं।

अब हम अन्य उदाहरण 5614 ÷ 21 लेते हैं।

हम पहले प्रश्न का निरूपण करते हैं। फ्लैग के अनुसार हम 4 से पहले तथा 1 के बाद दशमलव बिंदु लगाते हैं। प्रश्न निम्नानुसार है—

$$\begin{array}{c|c|c} 2^1 & 5\ \ 6\ \ 1 & 4 \\ \hline & & \end{array}$$

पद-1 : हम 2 से विभाजन प्रारंभ करते हैं, हम 5 को 2 से विभाजित करते हैं, तो हमें भागफल 2 तथा शेषफल 1 प्राप्त होता है, जिसे हम 6 के पूर्व लगाकर 16 प्राप्त करते हैं।

$$\begin{array}{c|c|c} 2^1 & 5\ \ {}_{1}6\ \ 1 & 4 \\ \hline & 2 & \end{array}$$

पद-2 : विभाजन के पश्चात् हम घटाव करते हैं। अत: 16 − (1 × 2) = 16 − 2 = 14

14 को याद रखते हैं।

पद-3 : घटाव के बाद हम विभाजन करते हैं। अत: हम 14 को 2 से विभाजित करते हैं, जो भागफल 7 तथा शेषफल 0 देता है। 7 को हम उचित स्थान पर लिखते हैं तथा 0 को 1 से पूर्व लगाकर 01 प्राप्त करते हैं।

$$\begin{array}{c|c|c} 2^1 & 5\ \ {}_{1}6\ \ {}_{0}1 & 4 \\ \hline & 2\ 7 & \end{array}$$

पद-4 : अगले पद में हम, 01 − (1 × 7) = ऋणात्मक प्राप्त करते हैं।

चूँकि यह ऋणात्मक मान है, हम भागफल अंक 7 को 6 में बदल देते हैं तथा शेषफल अंक को 0 से 2 में बदलते हैं, जो 21 बनाता है।

प्रश्नानुसार,

2^1	5 $_1$6 $_2$1	4
	2 7 6	

पद–5 : अब हम घटाएँगे

21 – (1 × 6) = 21 – 6 = 15

15 को याद रखेंगे।

पद–6 : अब हम विभाजन करेंगे।

हम 15 को 2 से विभाजित करेंगे, जिससे हमें अगला भागफल 7 प्राप्त होता है।

शेषफल 1 प्राप्त होता है, जिसे 4 के पूर्व लगाकर 14 बनाते हैं।

2^1	5 $_1$6 $_2$1	$_1$4
	2 7 6 7.	

पद–7 : अब हम घटाएँगे।

14 – (1 × 7) = 14 – 7 = 7

7 को याद रखेंगे।

पद–8 : घटाने के बाद हम पुन: विभाजन करेंगे।

अत: 7 को 2 से विभाजित करने पर भागफल 3 तथा शेषफल 1 प्राप्त होता है। अत: हमारा उत्तर 267.3 है।

2^1	5 $_1$6 $_2$1	$_1$4 $_1$0
	2 7 6 7.	3

अब हम अन्य उदाहरण 7943 ÷ 42 लेते हैं।

पहले हम उचित निरूपण करते हैं। चूँकि यहाँ एक-अंकीय फ्लैग है, अत: हम 3 के पूर्व तथा 4 के बाद दशमलव बिंदु लगाएँगे।

4^2	7 9 4	3

पद–1 : हम 4 से विभाजन प्रारंभ करते हैं। अत: हम 7 को 4 से

विभाजित कर भागफल 1 तथा शेषफल 3 प्राप्त करते हैं। 9 से पहले 3 को लगाकर 39 प्राप्त करेंगे।

प्रश्न के अनुसार—

$$\begin{array}{c|ccc|c} 4^2 & 7 & {}_{3}9 & 4 & 3 \\ \hline & 1 & & & \end{array}$$

पद-2 : अब हम घटाएँगे।

अतः 39 − (1 × 2) = 37

37 को याद रखेंगे।

पद-3 : अब हम विभाजन करेंगे।

37 को 4 से विभाजित करने पर भागफल 9 तथा शेषफल 1 प्राप्त करेंगे, जो उपसर्ग के रूप में 4 को 14 बनाता है।

$$\begin{array}{c|ccc|c} 4^2 & 7 & {}_{3}9 & {}_{1}4 & 3 \\ \hline & 1 & 9 & & \end{array}$$

पद-4 : अब हम घटाएँगे। अतः 14 − (9 × 2) = ऋणात्मक हम परिवर्तित शेषफल के सिद्धांत प्रयोग करेंगे, क्योंकि मान ऋणात्मक प्राप्त होता है। हम पूर्व में जाकर 9 को 8 में तथा 4 को 5 में बदलेंगे।

$$\begin{array}{c|ccc|c} 4^2 & 7 & {}_{3}9 & {}_{5}4 & 3 \\ \hline & 1 & \not{9}\,8 & & \end{array}$$

पद-5 : अतः हमें 54 − 16 = 38 प्राप्त होता है। 38 को 4 से विभाजित करने पर भागफल 9 तथा शेषफल 2 प्राप्त होगा। अतः 3 को उपसर्ग 2 से 23 बनाते हैं।

प्रश्न के अनुसार—

$$\begin{array}{c|ccc|c} 4^2 & 7 & {}_{3}9 & {}_{5}4 & {}_{2}3 \\ \hline & 1 & \not{9}\,8 & 9 & \end{array}$$

पद–6 : अत: घटाव करेंगे।

23 – (2 × 9) = 23 – 18 = 5

5 को याद रखेंगे।

पद–7 : अंतिम पद में विभाजन करेंगे।

अत: हम 5 को 4 से विभाजित करके भागफल तथा शेषफल 1 प्राप्त करते हैं।

अत: हमारा उत्तर 189.1 प्राप्त होता है।

4^{2}	$7\ {}_{3}9\ \ {}_{5}4$	${}_{2}3\ {}_{1}0$
	1 9 8 9.	1

सहायक भिन्न

हम विभाजन को और सरल करने के लिए 'सहायक भिन्न' का प्रयोग करेंगे। 'सहायक' का मतलब पूरक या अतिरिक्त मदद और समर्थन होता है। यह भाग परीक्षाओं में दशमलव स्थान को जल्दी से व कम समय में प्राप्त करने में मदद करता है।

हम यहाँ उन भिन्नों को हल करेंगे, जिनका हर 9 पर समाप्त होता हो।

जब भिन्न का हर 9 पर समाप्त होता है—

भिन्न $\frac{6}{49}$ के लिए, ध्यान रहे 49, 50 के नजदीक है। अत: सहायक भिन्न अंश 6 को हर 50 से विभाजित करके ज्ञात करेंगे। यह सहायक भिन्न $\frac{0.6}{5}$ देगा।

पद–1 : हम 0.6 को 5 से विभाजित करेंगे, जिससे हमें भागफल 0.1 तथा शेषफल 1 प्राप्त होगा।

इसे निम्न प्रकार से लिखेंगे—

$$\frac{6}{49} = 0_{1}.1$$

पद–2 : इस तरह लिखने के बाद हम अगला भाज्य 1.1 लेकर 5 से विभाजित करते हैं। अत: हमें भागफल 2 तथा शेषफल 1 प्राप्त होता है। इसे निम्न प्रकार लिखेंगे—

$$\frac{6}{49} = 0_1.1_12$$

याद रहे शेषफल 2 के पहले लिखते हैं।

पद–3 : अब हम 12 को भाज्य के रूप में लेकर 5 से विभाजित करते हैं। यह हमें पुनः भागफल 2 तथा शेषफल 2 देता है। निम्न प्रकार लिखेंगे—

$$\frac{6}{49} = 0_1.1_12_22$$

हम इस विधि को उचित दशमलव अंक प्राप्त करने तक प्रयोग करते हैं।

यहाँ एक और पद है।

पद–4 : अब हम 22 को 5 से विभाजित करेंगे, जो हमें भागफल 4 तथा शेषफल 2 देता है, प्रश्न चित्र प्रकार है—

$$\frac{6}{49} = 0_1.1_12_22\ 4...$$

हम इस पद को दशमलव बिंदु के बाद अंकों की उपयोगिता तक बढ़ाते हैं।

हमारा उत्तर 0.1224 प्राप्त होता है।

अन्य उदाहरण $\frac{11}{149}$ लेते हैं।

यहाँ हम ध्यान देते हैं कि 149, 150 के नजदीक है। अतः 149 को बदलकर 15 और 11 को बदलकर 1.1 लिखते हैं।

अतः $\frac{11}{149}$ = $\text{AF}\frac{1.1}{15}$

पद–1 : हम 1.1 को 15 से विभाजित करते हैं। हम भागफल 0 तथा शेषफल 11 प्राप्त करते हैं। हम 11 के पश्चात् 0 लगाकर इसे 110 बनाते हैं।

प्रश्न निम्न प्रकार है—

$$0._{11}0$$

पद–2 : अब हम 110 को 15 से विभाजित करेंगे। हम भागफल 7 तथा शेषफल 5 प्राप्त करते हैं। हम 5 को उपसर्ग के रूप में लगाकर, अगला

भाज्य 57 प्राप्त करते हैं।

$$0._{11}0_{5}7$$

पद-3 : यह विधि समान रूप से प्रयुक्त करते हैं। हम 57 को 15 से विभाजित करते हैं। हमें भागफल 3 तथा शेषफल 12 प्राप्त होता है। 12 को 3 के उपसर्ग के रूप में लगाते हैं। प्रश्न निम्न प्रकार है—

$$0._{11}0_{5}7_{12}3$$

हम दशमलव के उपयुक्त स्थान तक यह प्रक्रिया दोहराते हैं।

पद-4 : अतः हमारा अंतिम भाज्य 123 है, जिसे 15 से विभाजित करते हैं। हमें भागफल 8 तथा शेषफल 3 प्राप्त होता है।

अंततः प्रश्न निम्न प्रकार है—

$$0._{11}0_{5}7_{12}3_{3}8$$

हमारा उत्तर 0.0738 है।

हम अन्य उदाहरण $\frac{16}{19}$ लेते हैं।

हम $\frac{16}{19}$ को सहायक भिन्न के रूप में बदलते हैं। यहाँ ध्यान देते हैं कि 19, 20 के नजदीक है। 19 को 2 तथा 16 को 1.6 से बदलते हैं। हमारी सहायक भिन्न होगी—

$$\frac{16}{19} = \text{AF } \frac{1.6}{2}$$

पद-1 : हम 1.6 को 2 से विभाजित करेंगे। हमें भागफल 8 तथा शेषफल 0 प्राप्त होता है, जिसे हम 8 से पूर्व लगाते हैं। हमारा प्रश्न निम्न प्रकार है—

$$0._{0}8$$

पद-2 : हम 08 को 2 से विभाजित करते हैं। यह हमें भागफल 4 तथा पुनः शेषफल 0 देता है।

अतः हम 4 के पूर्व 0 लगाते हैं। हमारा प्रश्न निम्न प्रकार है—

$$\frac{16}{19} = 0._{0}8_{0}4$$

पद-3 : अब हम 04 को 2 से विभाजित करते हैं। यह हमें भागफल 2 तथा पुनः शेषफल 0 देता है। हम 2 के पूर्व 0 लगाते हैं—

$$\frac{16}{19} = 0._{0}8_{0}4_{0}2$$

पद-4 : अब हम 02 को 2 से विभाजित करते हैं, जो हमें भागफल 1 तथा शेषफल 0 देता है, जो कि 1 का उपसर्ग है। हमारा प्रश्न निम्न प्रकार है—

$$\frac{16}{19} = 0._{0}8_{0}4_{0}2_{0}1...$$

अतः हमारा अभीष्ट उत्तर 0.8421 है।

❑

5

अंकों का योग

किसी भी प्रतियोगी परीक्षा में आपके उत्तर के उचित परिणाम एवं शुद्धता आपके प्रतिशत बढ़ाने में काफी सहायक होती है। वैदिक गणित आपको यह दे सकता है। इस अध्याय में हम देखेंगे कि आप कैसे अपने उत्तर की जाँच कर सकते हैं। चाहे फिर वह प्रश्न गुणन, जोड़ या घटाव का ही क्यों न हो! अंकों के योग सिद्धांत से हम अपने उत्तर की तुरंत जाँच कर सकते हैं।

अत: अंकों का योग क्या है?

शब्द 'अंक' संख्याओं, जैसे—1, 2, 3, 4, 5 आदि को प्रदर्शित करते हैं। तथा 'योग' का मतलब 'जोड़ना' होता है। अत: संयुक्त रूप से हम 'अंकों का योग' ज्ञात करते हैं, जो कुछ नहीं संख्याओं का जोड़ है।

यदि हमें 61 के अंकों का योग ज्ञात करना है तो हम 6 और 1 जोड़ देंगे, जो हमें 7 देता है। अत: 7, 61 की संख्याओं का जोड़ है।

अत: हम 92 के अंकों का योग ज्ञात करेंगे।

हम 9 + 2 = 11 प्राप्त करते हैं। हम पुन: 1 + 1 = 2 जोड़ प्राप्त करते हैं। अत: 2, 92 के अंकों का योग है।

अत: उदाहरण के लिए 568 को लेते हैं। हम 5 + 6 + 8 = 19 = 1 + 9 = 10 = 1 + 0 =1 प्राप्त करते हैं। अत: 1, 568 के अंकों का योग है।

हम कुछ अंकों का योग देखते हैं।

अंक	संख्याओं का योग	अंकों का योग
65	6 + 5 = 11 = 1 + 1 = 2	2
721	7 + 2 + 1 = 10 = 1 + 0 = 1	1
3210	3 + 2 + 1 + 0 = 6	6
67754	6 + 7 + 7 + 5 + 4 = 29 = 2 + 9 = 11 = 1 + 1 = 2	2
82571	8 + 2 + 5 + 7 + 1 = 23 = 2 + 3 = 5	5
1890	1 + 8 + 9 + 0 = 18 = 1 + 8 = 9	9
23477	2 + 3 + 4 + 7 + 7 = 32 = 3 + 2 = 5	5

आप यह देख सकते हैं कि यह बहुत ही सरल एवं आसान सिद्धांत है। आप तब तक संख्याओं का योग करते रहें, जब तक आपको एक अंक की संख्या प्राप्त नहीं हो जाती। अंकों का योग हमें उत्तर जाँचने में मदद करता है, जैसा हमने ऊपर देखा है।

नौ का बहिष्कार

अंकों का योग ज्ञात करने की अन्य विधि 'नौ का बहिष्कार' है। इस

तकनीक में हम 9 को बहिष्कृत कर 9 को जोड़ते हैं। जो भी शेष बचे, हम उसे जोड़ते हैं तथा वह संख्या में अन्य अंकों का योग देती है।

उदाहरणतया—

1. हमें संख्या 8154912320 के अंकों का योग ज्ञात करना है।

हम 8 और 1 को छोड़ते हैं, क्योंकि इनका योग 9 है।

हम 5 और 4 भी छोड़ते हैं, क्योंकि पुन: इसका योग भी 9 है। अत: हम 9 को भी छोड़ देते हैं।

अत: हमारा प्रश्न निम्न प्रकार है—12320

अत: हम 1+2+3+2+0 =8 प्राप्त करते हैं। अत: अंकों का योग 8 प्राप्त होता है।

2. हम अन्य उदाहरण 970230612 लेते हैं। हम 9,7,2,3 और 6 को छोड़ देते हैं। हमारा प्रश्न निम्न प्रकार दिखेगा—

अब हम 1 + 2 = 3 प्राप्त करते हैं, जो हमारे अंकों का योग है।

अंकों के योग के प्रयोग से उत्तर की जाँच करना

अब हम अंकों के योग के सिद्धांत को समझ चुके हैं, हम आगे बढ़ते हैं और हम अपनी गणितीय समस्याओं को जाँच सकते हैं। हम इसे 734 + 352 के योग से प्रारंभ करते हैं।

इन दोनों संख्याओं का योग 1086 प्राप्त होता है, हम जाँच करते हैं कि यह सही है या नहीं।

		अंकों का योग
734	→	5
+352	→	+1
1086	→	6

पद–1 : हम संख्या 734 के अंकों का योग ज्ञात करते हैं, जो 7 + 3 + 4 = 14 = 1 + 4 = 5 प्राप्त होता है।

अब हम संख्या 352 के अंकों का योग 3 + 5 + 2 = 10 = 1 + 0 = 1 प्राप्त करेंगे।

इन दोनों को जोड़ने पर हम 5 + 1 = 6 प्राप्त करते हैं।

पद–2 : 1086 के अंकों का योग 1 + 0 + 8 + 6 = 15 = 1 + 5 = 6 प्राप्त करते हैं। अब हम दोनों के अंकों के योग का मिलान करते है। हम कह सकते हैं कि हमारा उत्तर 1086 सही है।

हम अन्य उदाहरण 2344 + 6235 हल करते हैं। इन दोनों संख्याओं का योग 8579 प्राप्त करते हैं। अब हम जाँच करते हैं कि हमारा उत्तर सही है या नहीं।

पद–1 : पहले हम संख्या 2344 के अंकों का योग ज्ञात करते हैं, जो 2 + 3 + 4 + 4 = 13 = 1 + 3 = 4 प्राप्त होता है।

अब हम संख्या 6235 के अंकों का योग ज्ञात करते हैं, जो 6 + 2 + 3 + 5 = 16 = 1 + 6 = 7 प्राप्त होता है।

इन दोनों संख्याओं का योग ज्ञात करते हैं। हमें 4 + 7 = 11 = 1 + 1 = 2 प्राप्त होता है।

पद–2 : अब हम संख्या 8579 के अंकों का योग प्राप्त करते हैं, जो 8 + 5 + 7 + 9 = 29 = 2 + 9 = 11 = 1 + 1 = 2 प्राप्त होता है।

अब दोनों अंकों के योग का मिलान करते हैं, अतः हम कह सकते हैं उत्तर 8579 सही है।

		अंकों का योग
2344	→	4
+6235	→	+7
8579	→	2

घटाव की जाँच

हम 4321–1786 लेते हैं।

हमारा उत्तर 2535 है, पर हम अंकों के योग की तकनीक की सहायता से इसकी जाँच करते हैं।

		अंकों का योग
4321	→	1
–1786	→	–4
2535	→	–3

– 3 = 9 – 3 = 6

पद-1 : संख्या 4321 के अंकों का योग 4 + 3 + 2 + 1 = 10 = 1 + 0 = 1 है।

संख्या 1786 के अंकों का योग 1 + 7 + 8 + 6 = 22 = 2 + 2 = 4 है।

अब हम 1 में से 4 घटाते हैं, जो हमें −3 (1 − 4 = −3) देता है।

याद रहे, 9 में से किसी संख्या को जोड़ने या घटाने पर उसके अंकों के योग में कोई अंतर प्राप्त नहीं होता है।

क्योंकि यहाँ अंकों का योग ऋणात्मक प्राप्त होता है, हम 9 को जोड़ते हैं और अपना अभीष्ट उत्तर 6 लेते हैं।

पद-2 : अब हम उत्तर 2535 की जाँच करते हैं तथा अंकों का योग ज्ञात करते हैं।

संख्या 2535 के अंकों का योग 2 + 5 + 3 + 5 = 15 = 1 + 5 = 6 प्राप्त होता है।

अत: दोनों गणनाओं में हमें 6 प्राप्त होता है, जिसका मतलब हमारा उत्तर सही है।

अब हम अन्य घटाव का उदाहरण 74637−24267 ज्ञात करते हैं।

74637	→	9
−24267	→	−3
50370	→	6

इस प्रश्न का उत्तर 50370 है। हम इसके अंकों के योग के सिद्धांत से जाँच करते हैं।

पद-1 : 74637 के अंकों का योग 9 और 24267 के अंकों का योग 3 है। हम साधारण घटाव के साथ 9 − 3 = 6 प्राप्त करते हैं।

पद-2 : संख्या 50370 के अंकों का योग 5 + 3 + 7 = 15 = 1 + 5 = 6 प्राप्त होता है। चूँकि दोनों अंक समान हैं, हम कह सकते हैं कि हमारा उत्तर सही है।

अब हम इसी तरह संख्याओं के गुणन पर चलते हैं।

गुणन की जाँच

हम प्रश्न 62 × 83 लेते हैं।

हमारा उत्तर 5146 है। अब हम अंकों का योग ज्ञात कर उत्तर की जाँच करते हैं।

		अंकों का योग
62	→	8
×83	→	×2
5146	→	16
		= 1 + 6 = 7

62 के अंकों का योग 8 तथा 83 के अंकों का योग 2 है।

हम दोनों अंकों के योग का गुणन 8 × 2 करते हैं, जिससे हमें 16 प्राप्त होता है, अत: 1 + 6 = 7 है।

संख्या 5146 के अंकों का योग 5 + 1 + 4 + 6 = 16 = 1 + 6 = 7 है।

अत: हमारा उत्तर सही है।

अन्य उदाहरण 726 × 471 लेते हैं।

गुणन 341946 प्राप्त होता है। अंकों के योग से उत्तर की जाँच करते हैं।

		अंकों का योग
726	→	6
×471	→	×3
341946	→	18
		=1 + 8 = 9

726 के अंकों का योग 6 है।

471 के अंकों का योग 3 है।

6 × 3 = 18 = 1 + 8 = 9

हमारे उत्तर 341946 के अंकों का योग भी 9 है। अत: हमारा उत्तर सही है।

चेतावनी

अंकों का योग एक महत्त्वपूर्ण जाँच उपकरण है, परंतु इसकी कुछ सीमाएँ हैं।

उदाहरण के रूप में 12 × 34 लेते हैं। माना उत्तर 804 लिखते हैं। 804 के अंकों का योग 8 + 0 + 4 = 12 = 1 + 2 = 3 है, परंतु जब हम अपने उत्तर की जाँच करते हैं तो यह हमें 408 देता है। दोनों 804 तथा 408 संख्याओं के अंकों का योग 3 है। यह अंकों के योग की सीमा है। कृपया उत्तर को सही क्रम में लिखें तथा किसी तरह की त्रुटि न हो, इसका ध्यान रखें।

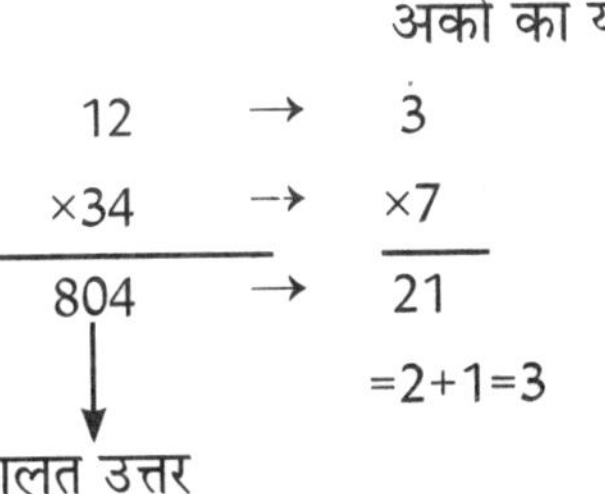

गणित और आदतें

हम जो लगातार करते हैं, वह आदत बन जाता है। गणित का अभ्यास विशेष रूप से, कुछ नहीं बस एक आदत होनी चाहिए। अच्छी आदतें सकारात्मक सोच को उत्पन्न करती हैं। जिसका मतलब विद्यालय तथा कॉलेज में अच्छे परिणाम, सफलता तथा इनाम प्राप्त करना है।

मैं जानता हूँ कि कई विद्यार्थी अंतिम क्षण में पढ़ना पसंद करते हैं। वे हमेशा अंतिम आते हैं। गणित विषय में अव्वल आने वाले, खासकर IITs तथा IIMs के विद्यार्थी प्रतिदिन अभ्यास करते हैं।

हम यहाँ कुछ आदतों को देखते हैं, जो गणित में हमारी सफलता को रोकती है।

आलस एवं विलंबता—हममें से कुछ हर बात को कल पर छोड़ देते हैं और दुर्भाग्यवश कल कभी नहीं आता है। अतः सफलता प्राप्त करने के लिए इसमें बदलाव अनिवार्य है।

हार को स्वीकार करने की आदत—कुछ विद्यार्थी निराशावादी होते

हैं। वे हार को स्वीकार कर कार्य छोड़ देते हैं। कुछ कॉलेजों में मैंने ऐसे विद्यार्थी देखे हैं, जब वे समूह में उत्तीर्ण होते हैं तो खुश होते हैं। आपकी सफलता और असफलता आपके हाथ में है। आप सोचें कि आपको क्या करना है। अगर आप हार स्वीकार करते हैं तो आपको वही प्राप्त होगी, परंतु यदि आप अपनी आदतों को बदलते हैं तो निश्चित ही सफलता आपका अनुसरण करेगी।

परिजनों तथा अध्यापकों पर दोषारोपण—यह आदत बहुत सामान्य है। हम कभी अपनी गलती की जिम्मेदारी नहीं लेते हैं और दूसरों पर दोषारोपण करते हैं, जैसे—हमारे परिजन, हमारे अध्यापक, हमारे मित्र आदि। हम दोषारोपण का खेल पसंद करते हैं।

अब हम देखते हैं कि कैसे सकारात्मक आदतें हमारे भविष्य को सुधारती हैं।

दृढता और समर्पण—यदि हम लगातार गणित में सफलता प्राप्ति के लिए मेहनत करें तो जल्द ही वह हमें प्राप्त होगी। दृढता और समर्पण का कोई अन्य विकल्प नहीं है। आप बस गणित को अपनी आदत बना लें, विश्वास करें, सफलता आपके साथ होगी।

सामूहिक ज्ञान—जब भी आप गणित के बारे में अपने मित्र तथा अध्यापकों के साथ चर्चा करते हैं तो यह आपके ज्ञान को जन्म देता है। यह ज्ञान आपको गणित में नयी ऊँचाइयों को छूने में मदद करेगा।

कार्य पर केंद्रित—इसे लें और समाप्त करें। 'अभी कर सकते हैं।' ऐसा व्यवहार रखें। यह व्यवहार आपको नए विषयों तथा नयी ऊँचाइयों में सफलता दिलाएगा।

यदि आप अपने ज्ञान को दिमाग में रखेंगे, तो वह आपके विस्मयकारी भविष्य की प्रत्याभूति देता है। यदि आप विषयों की सूची, कि किसे पहले तथा किसे अंत में करना है, की आदत बनाएँ तो मैं विश्वास दिलाता हूँ कि आपकी जिंदगी की सभी चुनौतियाँ आसान हो जाएँगी।

❑

6

भिन्न

सफलता कभी गलती न करने में निहित नहीं होती, बल्कि एक ही गलती दोबारा न करने में निहित होती है।

—जॉर्ज बर्नार्ड शॉ

और यही एक मंत्र आपको कम समय में प्रतियोगी परीक्षाओं, जैसे—CAT अथवा GMAT में सफलता प्राप्त कराने में उपयोगी है। एक ही गलती दोबारा न करें।

इस अध्याय में हम उन गणितीय सूत्र को देखेंगे, जो हमें भिन्नों को हल करने में मदद करेंगे।

भिन्नों का योग

प्रकार 1 : समान हरों के साथ—

भिन्नों के योग के लिए, जबकि हमारे पास समान हर हो, हम केवल अंश के अंकों का योग कर जल्द ही उत्तर प्राप्त कर सकते हैं।

उदाहरणतया—इस प्रश्न में हम ध्यान रखते हैं कि हर समान हो, अत: हम अंश का योग कर अभीष्ट उत्तर प्राप्त कर सकें।

$\frac{5}{11}+\frac{3}{11}$

अत: हमारा प्रश्न $\frac{5+3}{11}=\frac{8}{11}$ तथा हमारा उत्तर $\frac{8}{11}$ है।

अन्य उदाहरण $\frac{3}{10}+\frac{1}{10}$ लेते हैं।

चूँकि यहाँ हर समान है तो हम अंश को शीघ्रता से जोड़कर उत्तर प्राप्त कर सकते हैं। हमारा प्रश्न निम्न है— $\frac{3+1}{10}=\frac{4}{10}=\frac{2}{5}$

प्रकार 2 : जब एक हर दूसरे हर का गुणज हो।

इस तकनीक को समझने के लिए उदाहरण लेते हैं—

$$\frac{2}{5}+\frac{9}{20}$$

यहाँ हम देखते हैं 5, 20 का गुणज है। अत: हम $\frac{2}{5}$ को $\frac{8}{20}$ में हर तथा अंश को 4 से गुणा कर बदलते हैं। तब हम सामान्यतया अंश को जोड़ते हैं। प्रश्न निम्न प्रकार है—

$$\frac{2}{5}+\frac{9}{20}$$

$$=\frac{8}{20}+\frac{9}{20}$$

$$=\frac{17}{20}$$

अन्य उदाहरण लेते हैं।

$\frac{11}{15}+\frac{7}{30}$ कितने होते हैं?

यहाँ हम देखते हैं कि 15, 30 का गुणज है। अतः $\frac{11}{15}$ के अंश तथा हर को 2 से गुणा करते हैं।

तब पुनः हम अंशों को जोड़ते हैं। प्रश्न निम्न है—

$$\frac{11}{15}+\frac{7}{30}$$

$$=\frac{22}{30}+\frac{7}{30}$$

$$=\frac{22+7}{30}$$

$$=\frac{29}{30}$$

प्रकार 3 : लंबवत् एवं वज्र गुणन तकनीक का प्रयोग—

अब हम दो भिन्नों को गणितीय सूत्र लंबवत् एवं वज्र द्वारा हल करते हैं। माना दो भिन्न हैं—

$$\frac{3}{5}+\frac{1}{4}$$

पद-1 : हम वज्र गुणन कर परिणाम को जोड़ते हैं।

अतः (4×3)+(5×1)=12+5=17। यह हमारा हर है।

$$\frac{3}{5}\times\frac{1}{4}$$

पद-2 : हम हर 5×4=20 गुणन से प्राप्त करेंगे। अतः हमारा अभीष्ट

उत्तर $\frac{17}{20}$ है।

हमारा प्रश्न निम्न प्रकार है—

$\frac{3}{5}+\frac{1}{4}$

$=\frac{12+5}{20}$

$=\frac{17}{20}$

अन्य उदाहरण $\frac{2}{11}+\frac{7}{9}$ लेते हैं।

पद-1 : पहले पद में हम वज्र गुणन कर दिखाए अनुसार जोड़ते हैं।

$\frac{2}{11} \times \frac{7}{9}$

अत: (9×2) + (11×7) = 18 + 77 = 95। हमारा अंश 95 है।

पद-2 : हम 9 को 11 से गुणा कर हल प्राप्त करते हैं। 9×11=99। अत: हमारा गुणनफल 99 है।

$\frac{2}{11} \times \frac{7}{9}$

हमारा प्रश्न निम्न प्रकार है—

$$\frac{(2\times9)+(11\times7)}{99}=\frac{95}{99}$$

अत: हम 'लंबवत् एवं वज्र' गणितीय सूत्र से भिन्न को सरलता से हल कर सकते हैं। यह आसान, सुरुचिपूर्ण और सरल है।

अब हम भिन्नों के घटाव पर आते हैं।

भिन्नों का घटाव

प्रकार-1 : समान हर के साथ—

हम $\frac{15}{16}-\frac{3}{16}$ से प्रारंभ करते हैं।

इसे आसानी से निम्न प्रकार से हल कर सकते हैं—

$$\frac{15-3}{16}=\frac{12}{16}=\frac{3}{4}$$

हम 15−3=12 घटाकर तथा हर को लिखकर अंत में $\frac{12}{16}$ को सरल रूप में $\frac{3}{4}$ लिखते हैं।

अन्य उदाहरण $\frac{13}{35}-\frac{6}{35}$ लेते हैं।

सर्वप्रथम हम 13−6=7 प्राप्त करते हैं। यह हमारा अंश है। हमारा शेष हर 35 है।

अतः हमारा उत्तर $\frac{13}{35}-\frac{6}{35}=\frac{7}{35}=\frac{1}{5}$ प्राप्त होता है।

प्रकार-2 : जब एक हर भिन्न हो—

प्रश्न $\frac{1}{2}-\frac{5}{24}$ लेते हैं—

हम हर को ध्यान से देखते हैं तो पाते हैं कि 2, 24 का गुणज है। अतः $2 \times 12 = 24$, हम भिन्न के हर एवं अंश को प्राप्त करते हैं।

अतः $\frac{12}{24}-\frac{5}{24}=\frac{12-5}{24}=\frac{7}{24}$ प्राप्त करते हैं।

यह आसान है न?

अन्य उदाहरण $\frac{7}{9}-\frac{2}{3}$ लेते हैं।

$3 \times 3 = 9$, अतः हम $\frac{2}{3}$ के हर तथा अंश को 3 से गुणा करते हैं। हम $\frac{6}{9}$ प्राप्त करते हैं और सामान्यतया घटाते हैं।

अतः $\frac{7}{9}-\frac{2}{3}=\frac{7}{9}-\frac{6}{9}=\frac{1}{9}$

प्रकार-3 : वज्र एवं गुणन तकनीक का उपयोग जोड़ की तरह घटाव

में भी महत्त्वपूर्ण स्थान रखता है।

प्रश्न $\frac{6}{7}-\frac{1}{2}$ ज्ञात करते हैं।

पद-1 : हम अंश ज्ञात करते हैं। यह हम वज्र गुणा करके प्राप्त करते हैं। अत: (2×6)-(7×1)=12-7=5। हमारा अंश 5 है।

$$\frac{6}{7} \times \frac{1}{2}$$

पद-2 : अब हम हर ज्ञात करते हैं। यह हमें 7×2=14 देता है। हमारा उत्तर $\frac{5}{14}$ है।

अन्य प्रश्न $\frac{12}{25}-\frac{3}{50}$

पद-1 : हम वज्र गुणा द्वारा पहले अंश प्राप्त करते हैं।

$$\frac{12}{25} \times \frac{3}{50}$$

अत: हम (12×50)-(25×3)=600-75=525 प्राप्त करते हैं। हमारा अंश 525 है।

पद-2 : अब हम दोनों हरों को गुणा करते हैं। अत: 25×50=1250 हमारा हर है।

$$\frac{12}{25} \times \frac{3}{50}$$

अत: हमारा भिन्न $\frac{525}{1250}$ प्राप्त होता है, जो साधारण रूप में $\frac{21}{50}$ है। यही हमारा उत्तर है।

गणित में श्रेष्ठ होने के सात उपाय

गणित में कैसे श्रेष्ठ हों तथा अच्छे ग्रेड कैसे प्राप्त करें?

मेरा विश्वास है, आप यह प्रश्न अपने आपसे अथवा किसी और से किसी बिंदु पर अवश्य पूछते होंगे।

अब और इंतजार मत करो, क्योंकि मैं गणित में श्रेष्ठ होने के सात उपाय बताने जा रहा हूँ—

1. वैदिक गणित याद करें। यह गजब का तंत्र है, जो आपको गणित में बुनियाद बनाने में मदद करेगा। आप इस पुस्तक के सिद्धांत में पारंगत होकर ऐसा कर सकते हैं।
2. प्रत्येक अध्याय को याद न करें। एक विषय लेकर धीरे-धीरे उस विषय में पारंगत (संपूर्ण) हों।
3. याद रहे, अभ्यास उत्तम बनाता है और यह कोई भी हर समय नहीं कर सकता है। यदि आप गड़बड़ करते हैं तो इसकी समीक्षा करें।
4. अध्यापक से अपनी समस्या पूछने में संकोच न करें। प्रश्न पूछना बुद्धिमत्ता का संकेत है। हर कोई प्रश्न पूछ सकता है।
5. गणित परीक्षा के पूर्व अपने आपको किसी भी तरह थका न लें। रात में अच्छी नींद लें तथा सुबह अच्छे मन से परीक्षा दें।
6. गणित परीक्षा में अच्छे अंक प्राप्त करने पर अपने आपको पुरस्कृत करें।
7. यदि आपको आधार गणित जैसे पहाड़ों (गुणन) में समस्या है तो इसे याद करें, क्योंकि थोड़ा याद करने में कठिनाई नहीं है।

❑

7

दशमलव

बंदरगाह में जहाज सुरक्षित रहता है, परंतु वह जहाजों के लिए नहीं बनाया जाता है।

—एडमिरल ग्रेस होपर

यह प्यारा उद्धरण हमें बहुत-कुछ सिखाता है। यह पंक्ति हम सबके लिए है। हर कोई जहाज की तरह है। हम अपनी समस्याओं को हल कर उनसे बाहर आते हैं। उसी तरह खुले समुद्र में जहाज धाराओं से लड़कर आता है। अभी हमारी समस्या गणित है और कल कोई और होगी। हमें याद रखना है कि हमें चलना है और अपने लिए श्रेष्ठ प्राप्त करना है।

यह अध्याय दशमलव के बारे में है और हम जोड़, घटाव, गुणन तथा विभाजन को संभवतया शीघ्रता से कैसे हल करते हैं, सीखेंगे।

दशमलव प्रणाली

दशमलव प्रणाली में संख्याओं का स्थान महत्त्वपूर्ण होता है। यदि संख्या

4 संख्या 7 के बाएँ ओर उसे 47 बनाती है, इसका मतलब 4 दसवें स्थान पर है, न कि प्रथम स्थान पर है। इसे स्थानीय मान कहते हैं।

स्थानीय मान के बिना गणना करना बहुत कठिन है। स्थानीय मान का सिद्धांत—वह मान है, जो उस मान के स्थान के एकदम बाईं ओर दस गुना बढ़ जाता है। और दाएँ से दस गुना मान कम हो जाता है या स्थान के एकदम बाईं ओर मान का दसवाँ स्थान प्राप्त होता है।

हम इकाई स्तंभ को मध्य में रखते हैं। स्तंभ के बाईं ओर दहाई, सैकड़ा आदि तथा दाईं ओर दसवाँ, सौवाँ, हजारवाँ आदि मान लिखते हैं।

हजार	TH
सैकड़ा	H
दहाई	T
इकाई	U
.	.
दसवाँ	t
सौवाँ	h
हजारवाँ	th

दशमलव बिंदु

दशमलव बिंदु का उपयोग पूर्ण संख्याओं में भेद करने` लिए किया जाता है और यह पूर्ण संख्या का भाग है। उदाहरणतया—0.1, 1 का दसवाँ भाग है, 0.01, 1 का सौवाँ भाग है तथा 0.001, 1 का हजारवाँ भाग है तथा 45.7 में 4 दहाई, 5 इकाई तथा 7 दसवाँ भाग है।

दशमलव बिंदु के साथ गणना

दशमलव बिंदु से गणना करना पूर्ण संख्याओं की गणना के समान ही है। जब हम दशमलव संख्या को पढ़ते हैं तो 7.86 को 'सात दशमलव आठ छह' कहते हैं। 8.12 को 'आठ दशमलव एक दो', 4.5 को 'चार दशमलव पाँच' और 0.04 को 'शून्य दशमल शून्य चार' पढ़ते हैं।

दशमलव का योग

दशमलव के योग तथा घटाव में दशमलव बिंदु को लंबवत् रखते हैं।

उदाहरणतया—4.34 + 3.42 को हल करते हैं।

$$\begin{array}{r} 4.34 \\ +3.42 \\ \hline 7.76 \\ \hline \end{array}$$

आप इस प्रश्न को बाएँ से दाएँ या दाएँ से बाएँ हल कर सकते हैं। आप इस प्रश्न को आसानी से पहले बिना दशमलव के हल कर सकते हैं और बाद में दशमलव बिंदु प्रश्नानुसार लगा सकते हैं।

4.34 + 3.42 के लिए पहले हम दशमलव बिंदु को हटा देते हैं और जोड़ते हैं।

$$\begin{array}{r} 434 \\ +342 \\ \hline 776 \\ \hline \end{array}$$

हमें 776 उत्तर प्राप्त होता है, जो प्रश्न में आसानी से हल किया जा सकता है।

अब हम उत्तर में दशमलव बिंदु लगाते हैं। हम ध्यान देते हैं कि प्रश्न में दशमलव संख्या अंतिम अंक में दो स्थान पूर्व है। अतः हम प्राप्त परिणाम के अंतिम अंक के दो अंक पूर्व दशमलव बिंदु लगाते हैं। हमारा उत्तर 7.76 है।

अब हम 78.3 + 2.031 + 2.3245 + 9.2 को हल करते हैं।

पुनः ध्यान दें, हम जब प्रश्न को हल कर रहे हों तो हम दशमलव बिंदु को सीधे एक–दूसरे के नीचे लगा सकते हैं—

$$\begin{array}{l} 78.3 \\ \;\;2.031 \\ \;\;2.3245 \\ +\;9.2 \\ \hline \\ \hline \end{array}$$

जोड़ के बाद दशमलव बिंदु समान स्थान पर आता है। हम साधारणतया जोड़कर अपना उत्तर 91.8555 प्राप्त करते हैं।

```
 78.3
  2.031
  2.3245
+ 9.2
--------
 91.8555
--------
```

अब हम अन्य उदाहरण लेते हैं और देखते हैं वह कैसे हल होगा।

हम 0.004 + 6.32 + 1.008 + 3.452 को ज्ञात करते हैं।

```
 0.0004
 6.32
 1.008
+3.452
-------
10.7804
-------
```

यहाँ हम एक–दूसरे के नीचे दशमलव बिंदु लगाकर साधारणतया हल ज्ञात करते हैं। दशमलव बिंदु का स्थान ध्यान रखते हैं। यह एक महत्त्वपूर्ण और दशमलव बिंदु अंतर बनाए रखता है।

हम अन्य उदाहरण 5.004 + 0.302 + 20.489 + 1.07 ज्ञात करते हैं।

```
  5.004
  0.302
 20.489
 +1.07
-------
 26.865
-------
```

दशमलव को एक के नीचे एक लाइन में ध्यान से प्रयोग करना चाहिए। इसकी स्थिति बहुत महत्त्वपूर्ण है जब हम दशमलव को हल करते हैं। साधारण योग के बाद हमारा उत्तर 26.865 प्राप्त होता है।

अब हम दशमलव घटाव की ओर चलते हैं।

दशमलव का घटाव

योग की तरह ही जब दशमलव संख्याओं को घटाते हैं तो दशमलव बिंदु को एक स्तंभ में लिखते हैं और स्तंभ भी जैसे दहाई के नीचे दहाई, इकाई के नीचे इकाई आदि कतार में लिखते हैं।

हम 45 – 2.09 लेकर हल करने का प्रयास करते हैं।

$$\begin{array}{r} 45.00 \\ -2.09 \\ \hline \\ \hline \end{array}$$

पद–1 : हम सर्वप्रथम दिखाए अनुसार दशमलव को पंक्तिबद्ध करते हैं। 45 को 45.00 लिखते हैं, क्योंकि 2.09 में दशमलव के बाद दो अंक हैं। अत: दशमलव के बाद दो शून्य लगाते हैं। अत: प्रश्न निम्न प्रकार है—45.00 – 2.09।

पद–2 : हम पहले दशमलव के बिना घटाते हैं। अत: 4500 – 209। यह हमें 4291 देता है। तब हम दशमलव बिंदु लगाकर अपना उत्तर 42.91 प्राप्त करते हैं।

$$\begin{array}{r} 45.00 \\ -2.09 \\ 42.91 \\ \hline \\ \hline \end{array}$$

अन्य उदाहरण 7.005 – 0.55 लेते हैं।

पद–1 : सर्वप्रथम पंक्तिबद्ध करते हैं—

$$\begin{array}{r} 7.005 \\ -0.55 \\ \hline \\ \hline \end{array}$$

दशमलव बिंदु की स्थिति ध्यान रखकर उन्हें एक के नीचे एक पंक्तिबद्ध करते हैं।

पद–2 : अब हम शून्य लगाते हैं। हम शून्य 0.55 के बाद लगाते हैं।

शून्य लगाने से हम आसानी से अपना उत्तर प्राप्त कर सकते हैं, क्योंकि इकाई स्थान के नीचे इकाई, दहाई के नीचे दहाई आदि होता है। अत:—

7.005
−0.550

देखा, दशमलव घटाव कितना आसान है! दशमलव अब बच्चों के खेल की तरह है। अन्य उदाहरण के साथ दशमलव को और समझने का प्रयास करते हैं।

0.55 के बाद का 0 देखें। हमारा जोड़ अब 7.005−0.550 हो गया है।

पद−3 : हम पहले दशमलव बिंदु को घटाते हैं यानी 7005−0550; अब दशमलव बिंदुओं को यथास्थान लगाने पर उत्तर हुआ 6.455।

7.005
−0.550
6.455

प्रश्न 19.19 − 3.3 लेते हैं।

पद−1 : हम सर्वप्रथम दशमलव के नीचे दशमलव को पंक्तिबद्ध करते हैं। पुन: मैं याद दिलाना चाहूँगा कि दशमलव की स्थिति बहुत महत्त्वपूर्ण है। हमें दशमलव की स्थिति पर सुनिश्चित होना चाहिए, वरना हमारा प्रश्न गलत हो सकता है।

19.19
−3.3

पद−2 : अब हम शून्य लगाते हैं। हम दिखाए अनुसार 3 के आगे तथा पीछे शून्य लगाते हैं। अत:—

19.19
−03.30

पद−3 : हम पहले दशमलव बिंदु के बिना घटाते हैं। अत: हम 1919−0330=1589 प्राप्त करते है। तब ध्यानपूर्वक दशमलव बिंदु को सही स्थान

पर लिखते हैं तथा उत्तर 15.89 प्राप्त करते हैं।

$$\begin{array}{r} 19.19 \\ -03.30 \\ \hline \textbf{15.89} \\ \hline \end{array}$$

मेरे अनुभव के अनुसार लोग दशमलव से डरते हैं। अतः गणितीय सूत्र की सहायता से मैं इस विषय को जितना संभव हो, आसान बना दूँगा। एक बात ध्यान रखने की है कि जोड़ तथा घटाव करते समय याद की हुई वैदिक तकनीक का उपयोग पहले करना चाहिए, तत्पश्चात् दशमलव बिंदु का प्रयोग करना चाहिए। तब हमारी बुनियाद मजबूत होगी।

हमने दशमलव की स्थिति के बारे में सीखा है कि दशमलव बिंदु को पंक्तिबद्ध करने के बाद शून्य को जोड़ना चाहिए। तब हमें अपनी गणना कर सही उत्तर ज्ञात करना चाहिए। अतः हम दशमलव गुणन पर चलते हैं।

10, 100, 1000 आदि से गुणन

वास्तव में 10 की घातों से गुणन बहुत ही आसान जैसे दशमलव बिंदु को आगे बढ़ाना है।

7.86 को 10 से गुणा करते हैं। ध्यान रहे 10 में एक शून्य है। अतः दशमलव बिंदु को एक अंक आगे बढ़ाकर 78.6 प्राप्त करते हैं। अब 7.86 को 100 से गुणा करते हैं। हम देखते हैं कि 100 में से दो शून्य हैं। अतः हम दाईं तरफ दो स्थान आगे दशमलव बिंदु को बढ़ाकर अपना उत्तर 786 प्राप्त करते हैं।

यहाँ हम उदाहरण देखते हैं कि क्या होता है, जब हम संख्याओं की 10 की विभिन्न घातों से गुणा करते हैं—

अंक	×10	×100	×1000	×10000
0.72	7.2	72	720	7200
0.91	9.1	91	910	9100
0.04	0.4	4	40	400
9.25	92.5	925	9250	92500

2.34	23.4	234	2340	23400
5.04	50.4	504	5040	50400
12.36	123.6	1236	12360	123600
42.03	420.3	4203	42030	420300
561.321	5613.21	56132.1	561321	5613210

दशमलवों का गुणा

दशमलव का दशमलव से वज्र एवं लंबवत् तकनीक से गुणन बहुत आसान है, जो हम गुणन के इस अध्याय में सीखेंगे।

अत: जब भी हम दो अंकों वाली दशमलव संख्या में अन्य दो अंकों वाली दशमलव संख्या से गुणा करते हैं, तो हम वज्र एवं गुणन तकनीक का प्रयोग करते हैं उसके बाद योग करते हैं।

उदाहरणतया : हम 7.3 × 1.4 लेते हैं।

$$\begin{array}{r} 7.3 \\ \times 1.4 \\ \hline \\ \hline \end{array}$$

पद-1 : सर्वप्रथम दशमलव को नजरअंदाज करते हैं। हम दाएँ से बाएँ गुणन प्रारंभ करते हैं। हमें 4×3=12 प्राप्त होगा है। 2 को नीचे लिखकर 1 हासिल लगाते हैं।

$$\begin{array}{r} 7.3 \\ \times 1.4 \\ \hline {}_{1}2 \\ \hline \end{array}$$

पद-2 : अब वज्र गुणन (4×7) + (1×3) = 28+3=31 ज्ञात कर हासिल 1 जोड़कर 32 प्राप्त करते हैं। 2 को नीचे लिखकर 3 को हासिल लिखते हैं।

$$\begin{array}{r} 7.3 \\ \times 1.4 \\ \hline {}_{3}2{}_{1}2 \\ \hline \end{array}$$

पद-3 : अब हम लंबवत् गुणा 1 × 7 = 7 प्राप्त करते हैं तथा हासिल 3 हमें 10 देता है, जिसे नीचे लिखकर 1022 प्राप्त होता है। अब हम दशमलव बिंदु लगाते हैं। हम देखते हैं कि प्रत्येक संख्या में दाएँ से एक अंक बाद दशमलव लगा है। अतः हम दाएँ से दो स्थान बाद दशमलव लगाते हैं।

$$\begin{array}{r} 7.3 \\ \times 1.4 \\ \hline 10._{3}2_{1}2 \\ \hline \end{array}$$

हमारा उत्तर 10.22 है।

नोट : दशमलव बिंदु का सही स्थान प्राप्त करने के लिए हमेशा दाएँ से दोनों संख्याओं का दशमलव ज्ञात करते हैं। उन्हें जोड़कर गुणन में प्राप्त मान में दाईं तरफ से उसी स्थान पर दशमलव बिंदु लगाते हैं।

अन्य उदाहरण 6.2 × 5.4 सिद्धांत को और अच्छे से समझने के लिए हल करते हैं।

$$\begin{array}{r} 6.2 \\ \times 5.4 \\ \hline \\ \hline \end{array}$$

पद-1 : सर्वप्रथम दशमलव को नजरअंदाज कर वज्र एवं लंबवत् सूत्र से समस्या को हल कर अपना उत्तर प्राप्त करते हैं। हम 2 × 4 का गुणन 8 प्राप्त करने के लिए करते हैं। 8 को इकाई स्थान पर रखते हैं। हमारा प्रश्न है—

$$\begin{array}{r} 6.2 \\ \times 5.4 \\ \hline 8 \\ \hline \end{array}$$

पद-2 : अब हम वज्र गुणन (4 × 6) + (5 × 2) = 24 + 10 = 34 करते हैं। अतः हम दहाई स्थान पर 4 लिखकर 3 को हासिल के रूप में लिखते हैं। अगले पद में याद रहे हम दशमलव को नजरअंदाज किए हुए हैं।

$$\begin{array}{r} 6.2 \\ \times 5.4 \\ \hline {}_{3}48 \\ \hline \end{array}$$

पद-3 : अंतिम पद में हम पुनः लंबवत् गुणा करते हैं। अतः हम 6 × 5 = 30 प्राप्त करते हैं। इसके लिए हासिल 3 को जोड़ते हैं। अतः 30 + 3 = 33 प्राप्त करते हैं। हमारा उत्तर 3348 है।

अब हम दशमलव बिंदु लगाते हैं। कोई बता सकता है दशमलव कहाँ लगेगा?

$$\begin{array}{r} 6.2 \\ \times\ 5.4 \\ \hline 33._{3}48 \\ \hline \end{array}$$

हम दाईं तरफ से दोनों संख्याओं में दशमलव बिंदु को ज्ञात करते हैं। दोनों का योग कर उत्तर में दशमलव बिंदु लगाते हैं। हम देखते हैं कि प्रत्येक संख्या में दशमलव दाएँ से एक स्थान बाद है। अतः उत्तर में दशमलव दो स्थान बाद लगाते हैं। हमारा अभीष्ट उत्तर 33.48 है।

मैं आशा करता हूँ कि आप इसे समझ चुके होंगे। अब हम तीन अंकों वाली दशमलव संख्याओं का गुणन ज्ञात करते हैं।

हम 3.42 तथा 71.5 को गणितीय सूत्र वज्र एवं लंबवत् गुणन से ज्ञात करते हैं।

$$\begin{array}{r} 3.42 \\ \times 71.5 \\ \hline \\ \hline \end{array}$$

पद-1 : पूर्व की तरह हम दशमलव को नजरअंदाज करते हैं तथा प्रश्न हल करते हैं। अंतिम पद में हम दशमलव बिंदु का प्रयोग करते हैं। हम पहले लम्बवत् गुणा करते हैं। अतः हम 2 × 5 = 10 प्राप्त करते हैं। 0 को नीचे लिखकर 1 को हासिल के रूप में लिखते हैं।

$$\begin{array}{r} 3.42 \\ \times 71.5 \\ \hline {}_{1}0 \\ \hline \end{array}$$

पद-2 : द्वितीय पद में हम वज्र गुणन करते हैं। अतः (5 × 4)

+ (1 × 2) = 22 + 1 (हासिल)=23 प्राप्त करते हैं। हम 3 को नीचे लिखकर 2 को हासिल के रूप में लगाते हैं।

$$\begin{array}{r} 3.42 \\ \times 71.5 \\ \hline {}_{2}3{}_{1}0 \\ \hline \end{array}$$

पद-3 : अब हम (5 × 3) + (7 × 2) + (1 × 4) = 33 + 2 (हासिल) = 35 प्राप्त करते हैं। 5 को हम नीचे लिखकर 3 को हासिल के रूप में लिखते हैं।

$$\begin{array}{r} 3.42 \\ \times 71.5 \\ \hline {}_{3}5{}_{2}3{}_{1}0 \\ \hline \end{array}$$

हम दूसरा अंतिम चरण हल करते हैं।

पद-4 : यहाँ हम वज्र गुणन करते हैं। अत: (1 × 3) + 7 × 4) = 31 + 3 (हासिल) = 34 प्राप्त करते हैं।

4 को नीचे लिखकर अंकों को हासिल लगाते हैं।

$$\begin{array}{r} 3.42 \\ \times 71.5 \\ \hline {}_{3}4{}_{3}5{}_{2}3{}_{1}0 \\ \hline \end{array}$$

पद-5 : अंतिम पद में हम लंबवत् गुणन करते हैं। हमें 7 × 3 = 21 प्राप्त होता है। 3 हासिल का प्रयोग कर 24 प्राप्त होता है। 24 को नीचे लिखकर उत्तर 244530 प्राप्त करते हैं।

$$\begin{array}{r} 3.42 \\ \times 71.5 \\ \hline 24{}_{3}4{}_{3}5{}_{2}3{}_{1}0 \\ \hline \end{array}$$

अब हम गणना कर दशमलव बिंदु लगाते हैं।

3.42 में दशमलव बिंदु दाएँ स्थान से दो स्थान पर तथा 71.5 में दशमलव दाएँ से एक स्थान पर है। अत: हम 2+1=3, जिसका मतलब यह है कि हम अभीष्ट उत्तर में दाएँ से तीन स्थान आगे दशमलव लगाते हैं। अत: हमारा अभीष्ट उत्तर 244.530 है।

$$\begin{array}{r} \overline{3.42} \\ \hline \times 71.5 \\ 24_{3}4._{3}5_{2}3_{1}0 \end{array}$$

दशमलब बिंदु की स्थिति

अन्य प्रश्न 2.38 × 9.01 ज्ञात करते हैं।

$$\begin{array}{r} 2.38 \\ \times 9.01 \\ \hline \\ \hline \end{array}$$

हम पहले दशमलव बिंदु को नजरअंदाज करते हैं और वज्र एवं लंबवत् सूत्र से प्रश्न हल करते हैं।

पद-1 : हम 1 × 8 को लंबवत् गुणा करते हैं। यहाँ हमें इकाई स्थान पर 8 प्राप्त होता है।

$$\begin{array}{r} 2.38 \\ \times 9.01 \\ \hline 8 \\ \hline \end{array}$$

पद-2 : अब हम वज्र गुणन (1 × 3) + (0 × 8) = 3 प्राप्त करते हैं, जिसे दहाई स्थान पर लिखते हैं।

$$\begin{array}{r} 2.38 \\ \times 9.01 \\ \hline 38 \\ \hline \end{array}$$

पद-3 : अब हम महत्त्वपूर्ण पद हल करते हैं। हम (1 × 2) + (9 × 8) + (0 × 3) = 2 + 72 + 0 = 74 प्राप्त करते हैं।

हम 4 को नीचे लिखकर 7 को हासिल के रूप में लगाते हैं।

$$\begin{array}{r} 2.38 \\ \times 9.01 \\ \hline {}_{7}438 \\ \hline \end{array}$$

पद-4 : हम पुनः वज्र गुणन (0 × 2) + (9 × 3) = 27 + 7 (हासिल) = 34 प्राप्त करते हैं। हम 4 को नीचे लिखकर 3 को हासिल लगाते हैं।

$$\begin{array}{r} 2.38 \\ \times 9.01 \\ \hline {}_{3}4{}_{7}438 \\ \hline \end{array}$$

पद-5 : अंत में हम पुनः लंबवत् गुणा करते हैं। (9 × 2) = 18 + 3 (हासिल) = 21

अतः हम 214438 प्राप्त करते हैं।

अब हम दशमलव बिंदु ज्ञात करते हैं। हम देखते हैं कि दोनों के दाएँ से दो स्थान आगे दशमलव बिंदु लगा है। अतः हम इसे जोड़कर दाएँ से चार स्थान आगे दशमलव बिंदु लगाते हैं।

$$\begin{array}{r} 2.38 \\ \times 9.01 \\ \hline 21.{}_{3}4{}_{7}438 \\ \hline \end{array}$$

दशमल बिंदु की स्थिति

हमारा अभीष्ट उत्तर 21.4438 है।

मैं आशा करता हूँ आप दशमलव बिंदु के सिद्धांत को भली-भाँति समझ चुके हैं। यह अत्यंत सरल एवं आसान है। हम पहले दशमलव को नजरअंदाज करके प्रश्न को हल करते हैं और बाद में पूर्व प्रश्न की तरह दशमलव ज्ञात कर प्रश्न में लगाते हैं।

अब हम विभाजन करना सीखते हैं।

10, 100, 1000 आदि से विभाजन

10 की घात से विभाजन पूरी तरह से 10 की घात से गुणन के विपरीत है। जब हम 10 की घात से विभाजन करते हैं, तो हम बाएँ से दशमलव को बढ़ाते हैं।

दशमलव बिंदु का स्थान दस की घात में लगे शून्य पर पूर्णरूप से निर्भर रहता है।

हम 3.17 को 10 से विभाजित करते हैं। चूँकि 10 में एक शून्य है, अत: शून्य बाएँ से एक स्थान बढ़कर इसे 0.317 बनाता है।

सामान्यतया हम 4.52 को 100 से विभाजित करते हैं। हम देखते हैं 100 में दो शून्य हैं। अत: हम बाएँ से दो स्थान बढ़ाकर 0.0452 प्राप्त करते हैं।

नीचे हम दस की घातों से विभाजन के कुछ उदाहरण दे रहे हैं—

अंक	÷10	÷100	÷1000	÷10000
0.73	0.073	0.0073	0.00073	0.000073
0.891	0.0891	0.00891	0.000891	0.000089
8.432	0.8432	0.08432	0.008432	0.000843
657.745	65.7745	6.57745	0.657745	0.065775
832.901	83.2901	8.32901	0.832901	0.08329
6.7234	0.67234	0.067234	0.0067234	0.00067234
6894.942	689.4942	68.94942	6.894942	0.6894942
93.05	9.305	0.9305	0.09305	0.009305
67823.437	6782.3437	678.23437	67.82344	6.782344

दशमलव विभाजन

दशमलव का पूर्ण संख्या से विभाजन

पद-1 : हम सबसे पहले दशमलव को नजरअंदाज कर विभाजन ज्ञात करते हैं।

पद-2 : तत्पश्चात् भाज्य के अनुसार समान स्थान पर दशमलव लगाते हैं।

उदाहरण : 9.1 ÷ 7

पद-1 : दशमलव को नजरअंदाज कर 91 ÷ 7 = 13 प्राप्त करते हैं।

पद-2 : हमारे उत्तर में भाज्य के अनुसार दशमलव बिंदु लगाते हैं। अत: हमारा उत्तर 1.3 है।

अन्य उदाहरण 5.26 ÷ 2 लेते हैं।

पद–1 : हम सबसे पहले दशमलव को नजरअंदाज कर 526 ÷ 2 = 263 प्राप्त करते हैं।

पद–2 : हमारे उत्तर में हम भाज्य के अनुसार समान स्थान पर दशमलव लगाते हैं। अतः हमारा उत्तर 2.63 प्राप्त होता है।

यह आसान एवं सरल है न!

दशमलव में अन्य दशमलव से विभाजन

अतः क्या होता है, जब हम अन्य दशमलव से विभाजन करते हैं?

इस विधि में पहले दोनों संख्याओं को पूर्ण संख्याओं में बदलकर भाग देते हैं, तत्पश्चात् दशमलव को दाएँ से स्थानांतरण करते हैं।

उदाहरण 567.29 ÷ 45.67 ज्ञात करते हैं।

पद–1 : भाजक के दाएँ से दो स्थान स्थानांतरण कर इसे 4567 बनाते हैं। समान रूप से भाज्य दाएँ से दो स्थान स्थानांतरित कर इसे 56729 बनाते हैं। अतः प्रश्न 56729 ÷ 4567 प्राप्त करते हैं।

पद–2 : इसे हम फ्लैग विधि से हल कर अपना उत्तर 12.4215 प्राप्त करते हैं।

बेहतर समझने के लिए अन्य उदाहरण 7.625 ÷ 0.923 लेते हैं।

पद–1 : हम पहले भाजक के दाएँ से तीन स्थान स्थानांतरित करके 923 प्राप्त करते हैं। समान रूप से हम भाज्य के दाएँ से तीन स्थान स्थानांतरित करके 7625 प्राप्त करते हैं। अतः हमारा प्रश्न 7625 ÷ 923 प्राप्त होता है।

पद–2 : साधारण विभाजन करके हम अपना उत्तर 8.2611 प्राप्त करते हैं। हाँ, यह आसान है।

हमें बस दशमलव बिंदु से खेलना आना चाहिए।

ऋणात्मक प्रत्याशा

कभी-कभी गणित परीक्षा के समय जब आप प्रश्न देखते हैं तो डर जाते हैं। यह आपमें निराशावादी भावना पैदा करता है। आप अपने आपसे बार-बार कहने लगते हैं कि हम यह प्रश्न हल नहीं कर सकते तथा प्रश्न हल करने का प्रयास नहीं करते हैं। यह स्थिति ऋणात्मक सोचना या ऋणात्मक प्रत्याशा कहलाती है।

हीनभावना और सुस्ती ऋणात्मक प्रत्याशा के लक्षण हैं। सुस्त व्यक्ति हमेशा थका हुआ महसूस करता है तथा वह हमेशा अकेला रहना चाहता है। इस तरह की आदत तथा व्यवहार आपकी जिंदगी तथा गणित में सफलता पर प्रभाव डालता है।

अत: गणित की परीक्षा में ऋणात्मक प्रत्याशा तथा निराशावादी समस्या को कैसे दूर किया जाए?

1. अच्छा, हम ऋणात्मक ऊर्जा को एक मुस्कान के प्रयोग से दूर कर सकते हैं। हमें हँसते हुए गणित का अध्ययन करना चाहिए। अपने अंदर सुधार करने से निश्चित ही बाहर भी अपने आपमें सुधार होगा।
2. गणित विषय के कुछ अध्याय चुनकर उसमें श्रेष्ठ होकर भी इस स्थिति से लड़ा जा सकता है। आपको उस विषय में इतना निष्णात होना चाहिए कि आँखों पर पट्टी बाँधकर भी हल कर सकें। यह आपको पूरी तरह सकारात्मक ऊर्जा से भर देगा।
3. और अंत में भागना/दौड़ना एक चिकित्सकीय उपाय है। जब भी हमें ऋणात्मकता का अनुभव हो, बस 15-20 मिनट दौड़ें। तब तक न रुकें, जब तक आप पसीने से लथपथ न हो जाएँ। दौड़ने के बाद तुरंत पढ़ाई प्रारंभ कर दें। यह आपको सही दिशा की ओर ले जाएगी। ❑

8

आवर्ती दशमलव

सफलता छोटे-छोटे प्रयासों का योग है, अतः प्रयास करते रहें।

—रॉबर्ट कोलियर

हाँ मेरे मित्र, सफलता छोटे-छोटे प्रयासों का योग है। यह गुल्लक की तरह है—प्रतिदिन गुल्लक में पैसे डालने से एक दिन आपके पास एक विशाल राशि जमा हो जाएगी। इसी तरह सफलता भी छोटे-छोटे प्रयासों का योग है। एक दिन आप महसूस करेंगे कि आपका कठिन परिश्रम तथा दृढता आपको सफलता के रूप में प्राप्त हो रहा है।

इस अध्याय में हम भिन्न को दशमलव में बदलने की तकनीक देखेंगे।

दशमलव के प्रकार

दशमलव के तीन प्रकार होते हैं—

1. आवर्ती दशमलव,
2. अनावर्ती दशमलव,
3. अनावर्ती एवं अनंत दशमलव,

हम प्रत्येक प्रकार का अध्ययन करेंगे।

1. आवर्ती दशमलव—पहले हम आवर्ती दशमलव लेते हैं, जो कभी न खत्म होनेवाला तथा पुनरावृत्त होता है।

उदाहरणतया—

$\frac{1}{3} = 0.333...$

$\frac{1}{9} = 0.1111...$

कुछ अंक समूह में पुनरावृत्त होते हैं।

$\frac{1}{99} = .01010101...$

यह दशमलव संख्या हर में अभाज्य संख्या उपस्थित होने पर प्राप्त होती है। 2 और 5 के अलावा 3, 7, 11 तथा 13 इसके गुणज हैं।

2. अनावर्ती दशमलव—अनावर्ती दशमलव हर में 2 या 5 उपस्थित होने पर प्राप्त होता है, जबकि ये संख्याएँ निश्चित अंकों के बाद समाप्त हो जाती हैं। ध्यान रहे कि 2, 5 या 10 संख्या हर में उपस्थित होने पर यह संख्या एक अंक के बाद समाप्त हो जाती है।

उदाहरणतया—

$\frac{1}{5} = 0.2, \frac{1}{2} = 0.5$ तथा $\frac{1}{10} = 0.1$ सभी संख्याएँ दशमलव के एक अंक के बाद समाप्त होती हैं।

सामान्यतया, $\frac{1}{4} = 0.25, \frac{1}{25} = 0.4$ तथा $\frac{1}{100} = 0.01$ सभी संख्याएँ दशमलव के दो अंकों के बाद समाप्त होती हैं।

3. अनावर्ती एवं अनंत दशमलव—हम अनावर्ती एवं अनंत दशमलव को समझते हैं। यह अपरिमेय संख्या प्रयुक्त होने पर प्राप्त होता है।

उदाहरणतया—

$\sqrt{2} = 1.41421356...$ अथवा $\pi = 3.141592653...$

वैदिक एक-पंक्ति विधि

भिन्न या पारस्परिक संख्याओं को दशमलव में बदलने के लिए अंश में वास्तव हर से विभाजन करने का परंपरागत अभ्यास किया जाता है। जब हर में विषम अभाज्य संख्या, जैसे—17, 19, 23, 29 आदि होती हैं, तो वास्तविक विभाजन कठिन हो जाता है, जबकि यदि हम वैदिक विधि का प्रयोग करें, तो पूरा विभाजन मौखिक तथा भिन्नों को दशमलव में सीधे लिखा जा सकता है।

9 में खत्म होनेवाली संख्याओं की व्युत्क्रम विधि

हम सर्वप्रथम ऐसे अंकों को ज्ञात करते हैं, जो 9 पर समाप्त होते हैं, जैसे—19, 29, 39, 79 आदि।

वास्तव में 19, 29 तथा 39 से विभाजन करना आसान नहीं है, परंतु यहाँ हम गणितीय सूत्र प्रयुक्त करते हैं। एक अधिक की तुलना में पहले एक जिसका अर्थ 9 से पहले एक अंक अधिक है।

यहाँ 9 से 1 पहले, 19 के लिए 2 से पहले एक अधिक। अत: 2 हमारा एकाधिक, जो कि 'एक अधिक' है।

29 के लिए एकाधिक 3 है, क्योंकि हम नौ को छोड़कर तथा 2 से एक अधिक 3 को प्राप्त करते हैं।

सामान्यतया 59 से एकाधिक 60 है।

चूँकि 9 को छोड़ते हैं, हम अंश के दशमलव को बाएँ से दशमलव को स्थान-स्थान बढ़ाकर बदलते हैं। अत: यह 0.1 हो जाता है। अब 0.1 से एकाधिक अंक को विभाजित किया जाता है।

उदाहरणतया—29 के साथ एकाधिक 3 है। अत: प्रारंभिक बिंदु 0.1 का 3 से विभाजन करना होगा, जो कि मौखिक रूप से 29 के पहाड़े के लिए $1 \div 29$ हो सकता है।

हम विभाजन विधि से बाएँ से दाएँ उत्तर प्राप्त करते हैं।

1. भिन्न $\frac{1}{19}$ को दशमलव में बदलना—

पद-1 : हम $\frac{1}{19}$ का एकाधिक ज्ञात करते हैं। 19 में से 9 को छोड़ने पर हम 1 से एक अधिक 2 प्राप्त करते हैं।

अत: $\frac{1}{19} \simeq \frac{1}{20} = \frac{0.1}{2}$ प्राप्त होता है।

पद-2 : अत: यहाँ प्रारंभिक बिंदु $0.1 \div 2$ है। चूँकि हम 1 को 2 से विभाजित नहीं कर सकते हैं, हम दशमलव के बाद 0 लगाकर 1 हासिल लगाते हैं, जहाँ 0 भागफल तथा 1 शेषफल कहलाता है, जिसका मतलब हमारा अगला भाज्य 10 है।

$$\frac{1}{19} = 0._{1}0...$$

पद-3 : हम 10 को 2 से विभाजित करते हैं, जो हमें 5 देता है तथा शेषफल शून्य प्राप्त होता है। प्रश्न निम्नानुसार है—

$$\frac{1}{19} = 0._{1}0_{0}5...$$

पद-4 : भागफल 0.5 प्राप्त होता है। हम 05 को 2 से विभाजित करते हैं, जो हमें अगला भागफल अंक 2 तथा शेषफल 1 देता है। प्रश्नानुसार 2 के पहले उपसर्ग 1 लगाते हैं।

$$\frac{1}{19} = 0._{1}0_{0}5_{1}2...$$

पद-5 : हम 2 से विभाजन जारी रखते हैं तथा भागफल और शेषफल नीचे लिखते हैं। अत: हम प्राप्त करते हैं—

$$\frac{1}{19} = 0._{1}0_{0}5_{1}2_{0}6_{0}3...$$

हमारा उत्तर 0.05263 प्राप्त होता है।

आप ध्यान रखें कि यदि विभाजन की प्रक्रिया लगातार चलती है तो संख्याओं के समान समूह की पुनरावृत्ति होने लगती है। हम आवश्यकतानुसार दशमलव बिंदु के पश्चात् अंक प्राप्त कर विभाजन रोकते हैं।

2. भिन्न $\frac{1}{29}$ को दशमलव में बदलना—

पद-1 : 29 से एकाधिक 3 है। अत: हम $0.1 \div 3$ प्रारंभ करते हैं।

$$\frac{1}{29} \simeq \frac{1}{30} \simeq \frac{0.1}{3}$$

पद-2 : चूँकि हम 1 को 3 से विभाजित नहीं कर सकते हैं, हम दशमलव बिंदु के पश्चात् भागफल 0 तथा शेषफल 1 लिखते हैं। इसका मतलब हमारा अगला भाज्य 10 है।

$$\frac{1}{29} = 0._{1}0...$$

पद-3 : हम 10 को एकाधिक 3 से विभाजित करते हैं। यहाँ हमें

भागफल अंक 3 तथा शेषफल 1 प्राप्त होता है। प्रश्न निम्नानुसार है—

$$\frac{1}{29} = 0._{1}0_{1}3...$$

पद–4 : हम विभाजन की प्रक्रिया एकाधिक 3 के साथ जारी रखते हैं।

अब हम 13 को 3 से विभाजित करते हैं, जो कि हमें अगला भागफल 4 तथा शेषफल 1 देता है।

प्रश्न निम्नानुसार है—

$$\frac{1}{29} = 0._{1}0_{1}3_{1}4...$$

पद–5 : इस प्रक्रिया को क्रमागत रख निम्न परिणाम प्राप्त करते हैं।

$$\frac{}{29} \quad 0._{1}0_{1}3_{1}4_{2}4_{0}8_{2}2...$$

यहाँ हमारा उत्तर 0.034482 है। हम ध्यान देते हैं कि यह प्रक्रिया जारी रखने पर हमें समान संख्याओं की पुनरावृत्ति प्राप्त होती है।

हम $\frac{1}{39}$ तथा $\frac{1}{49}$ प्रश्नों को देखते हैं—

$$\frac{1}{39} \simeq \frac{1}{40} \simeq \frac{0.1}{4} \simeq 0._{1}0_{2}2_{2}5_{1}641$$

$$\frac{1}{49} \simeq \frac{1}{50} \simeq \frac{0.1}{5} \simeq 0.0204081632...$$

3 पर खत्म होनेवाली संख्याओं का व्युत्क्रम

12, 23 तथा 33 कुछ अंक हैं जो 3 पर समाप्त होते हैं। इनका व्युत्क्रम ज्ञात करने के लिए हमें ध्यान रखना चाहिए कि हर की संख्या 9 पर समाप्त हो। यह सुनिश्चित होने के बाद हम अंश तथा हर को 3 से गुणा करते हैं।

माना हमें प्राप्त संख्या $\frac{1}{13}$ है।

$$\frac{1}{13} = \frac{1}{13} \times \frac{3}{3} \simeq \frac{3}{40} \simeq \frac{0.3}{4}$$

अब हम 9 पर समाप्त होनेवाले अंकों की व्युत्क्रम विधि का प्रयोग

कर सकते हैं।

अत: $\frac{0.3}{4} = 0.0_2 7_3 6_0 9_1 2_0 3...$

अन्य उदाहरण $\frac{1}{23}$ लेते हैं।

पद–1 : हम अंश तथा हर को 3 से गुणा करते हैं।

$$\frac{1}{23} = \frac{3}{69} \simeq \frac{0.3}{7}$$

पद–2 : अब वैदिक विधि से हम 0.3 को 7 से विभाजित करके दशमलव भिन्न प्राप्त करते हैं।

$$\frac{1}{23} = \frac{3}{69} = \frac{0.3}{7} = 0._3 0_2 4_3 3_5 4...$$

अंक 7 पर समाप्त होनेवाली संख्याओं का व्युत्क्रम

7, 17 तथा 27 कुछ ऐसी संख्याएँ हैं, जो 7 पर समाप्त होती हैं। प्रक्रिया समान है। हमें सुनिश्चित होना चाहिए कि हमारा हर 9 पर समाप्त हो। यह तभी संभव है, जब हम हर और अंश को 7 से गुणा करें।

$\frac{1}{7}$ लेते हैं।

पद–1 : हम अंश तथा हर को 7 से गुणा कर सुनिश्चित करते हैं कि वह 9 पर समाप्त हो।

तब हम विभाजन विधि प्रयुक्त करते हैं तथा दशमलव प्राप्त करते हैं।

अत: $\frac{1}{7} = \frac{1}{7} \times \frac{7}{7} = \frac{7}{49}$ प्राप्त करते हैं।

पद–2 : यहाँ 49 का एकाधिक 5 है।

$$\frac{1}{7} = \frac{1}{7} \times \frac{7}{7} = \frac{7}{49} \simeq \frac{7}{50} = \frac{0.7}{5}$$

पद–3 : अब हम पिछले प्रश्नानुसार हल करते हैं। अत: हमें

$\frac{1}{7} = \frac{0.7}{5} = 0._2 1_1 4_4 2_2 8_3 5_0 7...$ प्राप्त होता है।

और यह हमारा अभीष्ट उत्तर है।

अन्य भिन्न $\frac{1}{17}$ लेते हैं।

पूर्व की तरह इसके अंश तथा हर को 7 से गुणा करते हैं ताकि हमें अंतिम संख्या 9 प्राप्त हो सके।

पद–1 : $\frac{1}{17} = \frac{1}{17} \times \frac{7}{7} = \frac{7}{119} = \frac{0.7}{12}$

पद–2 : $\frac{1}{17} \simeq \frac{0.7}{12} = 0._{7}0_{10}5_{9}8_{2}8_{4}2...$

और यह हमारा अभीष्ट उत्तर है।

सामान्तया हम अन्य भिन्नों का व्युत्क्रम ज्ञात कर सकते हैं।

अतः इस अध्याय में हम 3, 7 तथा 9 का व्युत्क्रम ज्ञात करना सीखते हैं। हम वैदिक एक-पंक्ति विधि से हल कर उत्तर प्राप्त कर सकते हैं और हम देख सकते हैं कि कितनी आसानी से हम व्युत्क्रम ज्ञात कर सकते हैं। ❑

9

प्रतिशत

प्रतिशत क्या है ? प्रतिशत, संख्याओं को प्रदर्शित करने की एक शैली है, विशेष रूप से अनुपात, 100 के भिन्न के रूप में। प्रतिशत शब्द लैटिन भाषा के शब्द per centum से बना है, जिसका मतलब सौ से विभाजन है। प्रतिशत को % से प्रदर्शित करते हैं।

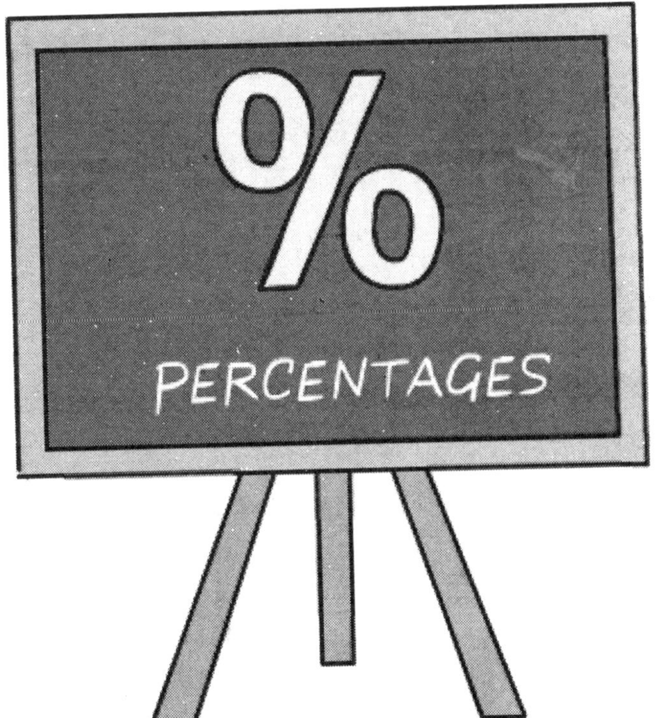

अतः यदि मैं 27 प्रतिशत कहता हूँ, जिसका मतलब भिन्न $\frac{27}{100}$ या 0.27 दशमलव के रूप में है, जो हमें 27 को 100 से विभाजित करके प्राप्त होती है।

माना प्रतिशत 60 प्रतिशत है, तब इसका मतलब भिन्न रूप में $\frac{60}{100}$ या दशमलव रूप में 0.6 है, जो हमें 60 को 100 से विभाजित करके प्राप्त होता है।

प्रतिशत का प्रयोग बड़ी और छोटी मात्रा की तुलना करने में किया जाता है।

अब हम प्रतिशत के बारे में थोड़ा समझ चुके हैं, आगे चलते हैं और देखते हैं कि हम प्रतिशत को भिन्न में कैसे बदल सकते हैं।

प्रतिशत को भिन्न में बदलना

75 प्रतिशत को भिन्न में बदलते हैं।

हम पहले 75 प्रतिशत को निम्न प्रकार भिन्न में बदलते हैं,

$$75\% = \frac{75}{100} = \frac{3}{4}$$

हम $\frac{75}{100}$ को सरल रूप में भी बदल सकते हैं, जो $\frac{3}{4}$ है।

अन्य प्रश्न लेते हैं। 40% को भिन्न में बदलते हैं।

अतः हम $40\% = \frac{40}{100} = \frac{2}{5}$ प्राप्त करते हैं।

यहाँ हम $\frac{40}{100}$ को सरलतम रूप में $\frac{2}{5}$ प्राप्त करते हैं।

अन्य एक उदाहरण लेते हैं—65% को भिन्न में बदलते हैं।

हम 65% = $\frac{65}{100} = \frac{13}{20}$ रूप में लिखते हैं। पुनः हम $\frac{65}{100}$ भिन्न को इसके सरलतम रूप $\frac{13}{20}$ में लिख सकते हैं।

अब हम भिन्न को प्रतिशत में बदलते हैं।

भिन्न को प्रतिशत में बदलना

अब हम उलटा करते हैं—हम भिन्न को प्रतिशत में बदलने के लिए उसमें 100 से गुणा करते हैं।

हम $\frac{3}{4}$ को प्रतिशत में बदलते हैं।

अतः हम निम्न प्रक्रिया प्रयुक्त करते हैं।

$\frac{3}{4} \times 100 = 3 \times 25 = 75\,\%$

अतः यहाँ $\frac{3}{4} = 75\,\%$ प्राप्त होता है।

अब हम $\frac{2}{5}$ को प्रतिशत में बदलते हैं।

अतः हम भिन्न को 100 से गुणा करते हैं।

$\frac{2}{5} \times 100 = 2 \times 20 = 40\%$

अन्य उदाहरण लेते हैं। $\frac{17}{20}$ को प्रतिशत में बदलते हैं।

पूर्व की तरह इसे 100 से गुणा करते हैं।

अतः भिन्न $\frac{17}{20} = 85\%$ प्राप्त होती है।

अब हम प्रतिशत को दशमलव में बदलते हैं।

प्रतिशत को दशमलव में बदलना

प्रतिशत को दशमलव में बदलना आसान है। माना हम 45.6% को दशमलव में बदलते हैं। अतः हम दशमलव को बाईं तरफ दो अंक आगे

बढ़ाते हैं। अत: हमारा उत्तर $\frac{45.6}{100} = 0.456$

अन्य उदाहरण लेते हैं—8.09% को दशमलव में बदलते हैं।

हम 8.09 को 100 से समान रूप से विभाजित करते हैं। अत: हम बाईं तरफ दो अंक आगे दशमलव को बढ़ाते हैं।

$\frac{8.09}{100} = 0.0809$

अत: हमारा उत्तर 0.0809 है।

अन्य उदाहरण लेते हैं—0.674% को दशमलव में बदलते हैं।

हम समान प्रक्रिया करते हैं—हम 0.674 को 100 से विभाजित करते हैं और दशमलव को दो अंक बाईं तरफ बढ़ाते हैं।

$\frac{0.674}{100} = 0.00674$

यह उपयुक्त है, परंतु अब हम देखते हैं कि दी गई मात्रा से प्रतिशत ज्ञात कैसे करते हैं।

दी गई मात्रा से प्रतिशत ज्ञात करना

हम उदाहरण लेते हैं। 81 का 45% ज्ञात करते हैं।

दी गई मात्रा का प्रतिशत ज्ञात करने के लिए प्रतिशत को भिन्न रूप में दी गई मात्रा से गुणा करते हैं।

अत: हमें $\frac{45}{100} \times 81$ प्राप्त होता है।

अब हम 45×81 के गुणन के लिए प्रसिद्ध गणित सूत्र वज्र एवं लंबवत् का प्रयोग करते हैं। जल्दी से सूत्र का संक्षिप्त विवरण देखते हैं।

दो अंकों का वज्र एवं लंबवत् पैटर्न

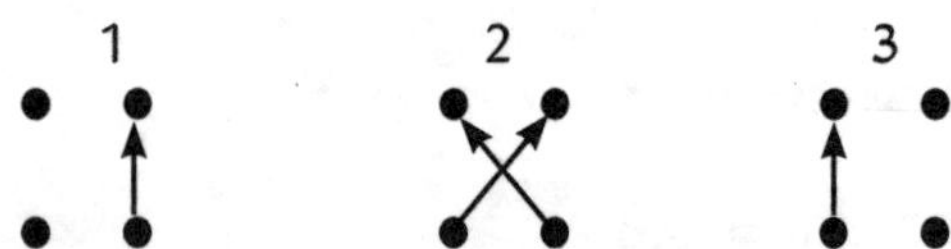

पद-1 : ये बिंदु अंकों को प्रस्तुत करते हैं। अत: पहले हम चित्रानुसार लंबवत् गुणा करते हैं।

पद-2 : तब हम चित्रानुसार वज्र गुणा करते हैं।

पद-3 : अंत में हम पुनः चित्रानुसार लंबवत् गुणा करते हैं। मैं सुनिश्चित करता हूँ कि आप इसे याद रखेंगे। अतः हम प्रश्न पर आते हैं—

$$\frac{45}{100} \times 81 = \frac{3645}{100} = 36.45$$

अतः 81 का 45%, 36.45 है।

अन्य उदाहरण 98 का 73% ज्ञात करते हैं।

सामान्यतः 98 और 73 का गुणन वज्र एवं लंबवत् सूत्र से गुणा करते हैं। इस सूत्र के प्रयोग के बाद 7154 प्राप्त करते हैं, तब हम 100 से विभाजित करते हैं। हम 71.54 प्राप्त करते हैं। यह हमारा उत्तर है।

$$\frac{73}{100} \times 98 = \frac{7154}{100} = 71.54$$

अब हम 67 का 23% ज्ञात करते हैं।

हम 67 और 23 का गुणन वज्र एवं लंबवत् सूत्र से करते हैं। यह हमें 1541 देता है। अब हम इसे 100 से विभाजित करते हैं। हमें 15.41 उत्तर प्राप्त होता है।

$$\frac{23}{100} \times 67 = \frac{1541}{100} = 15.41$$

हम दो अंकों के साथ कर चुके हैं, परंतु प्रश्न निम्न प्रकार हो सकता है—682 का 14.2%। यहाँ हम 142 को 682 से गुणा करते हैं, तब दशमलव लगाते हैं।

हम वज्र एवं लंबवत् गुणन करते हैं, तीन अंकों का तीन अंकों से। हम पहले गुणन का संक्षिप्त विवरण करते हैं।

तीन अंकों का लंबवत् एवं वज्र पैटर्न—

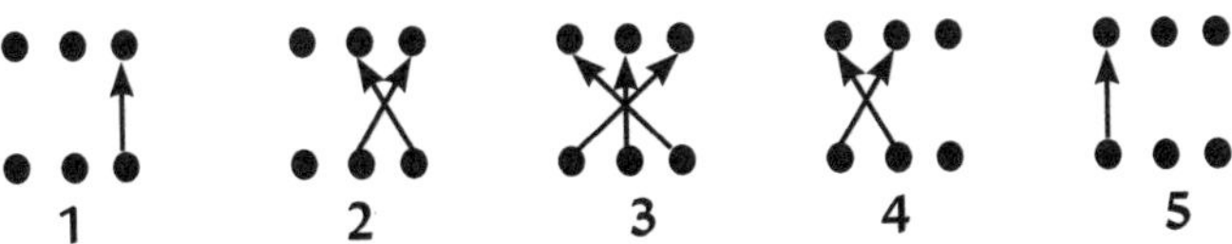

यह तीन अंकों में तीन अंकों से गुणा का पैटर्न है। आपको ध्यान होना चाहिए कि बिंदु अंकों को प्रदर्शित करते हैं।

पद-1 : हम लंबवत् गुणा करते हैं।

पद-2 : हम वज्र गुणा कर जोड़ते हैं।

पद-3 : हम 'STAR' गुणा करते हैं।

पद-4 : पुनः वज्र गुणा करते हैं।

पद-5 : अंत में लंबवत् गुणा करते हैं।

हम इसे ज्यादा विस्तार से पहले ही पढ़ चुके हैं। अतः हम अपने प्रश्न पर चलते हैं।

682 का 14.2% ज्ञात करते हैं।

हम 682 को 142 में वज्र एवं लंबवत् गुणा करते हैं। हमें 96844 प्राप्त होता है। जिसमें हम दशमलव विंदु लगाकर 9684.4 बनाते हैं। अब हम इसमें 100 से विभाजन करने के बाद 96.844 प्राप्त करते हैं।

$$\frac{14.2}{100}\times 682=\frac{9684.4}{100}=96.844$$

अन्य उदाहरण 475 का 71.1% करते हैं। पहले हम 475 को 711 से वज्र एवं लंबवत् गुणा करते हैं। यहाँ हमें 337725 प्राप्त होता है, तब हम दशमलव लगाकर इसे 33772.5 प्राप्त करते हैं।

अब 100 से विभाजित करते हैं। जिससे हमें 337.725 प्राप्त होता है।

$$\frac{71.1}{100}\times 475=\frac{33772.5}{100}=337.725$$

अगला प्रश्न 584 का 87.2% ज्ञात करते हैं। पहले जैसा हमने किया, हम 584 और 872 को वज्र एवं लंबवत् सूत्र से गुणा करते हैं। हमें 509248 प्राप्त होता है। दशमलव को ध्यान में रखकर 50924.8 प्राप्त करते हैं।

अतः इसे अब 100 से विभाजित करते हैं। यह हमें 509.248 देता है। अतः—

$$\frac{87.2}{100}\times 584=509.248$$

एक मात्रा को अन्य मात्रा के प्रतिशत में व्यक्त करना

75 को 250 के प्रतिशत में ज्ञात करते हैं। हम 75 को 250 से विभाजित करते हैं और तब 100 से गुणा करते हैं।

$$\frac{75}{250}\times 100 = 30\ \%$$

82 को 450 के प्रतिशत में ज्ञात करते हैं। पहले की तरह हम 82 को 450 से विभाजित कर 100 से गुणा करते हैं।

$$\frac{82}{450}\times 100 = 18.22\%$$

35 को 890 के प्रतिशत में ज्ञात करना। हम 35 को 890 से विभाजित तथा 100 से गुणा करते हैं।

$$\frac{35}{890}\times 100 = 3.932\%$$

सन्निकट प्रतिशत

प्रतियोगी परीक्षाओं में कभी-कभी हमें एक अंक, अन्य अंक का कितना प्रतिशत है, इसके अनुमान की आवश्यकता होती है।

उदाहरणतया, 800, 42 का लगभग कितने प्रतिशत है।

यहाँ हमें पहले 800 का 10% ज्ञात करने की आवश्यकता है, जो कि 80 है।

इसका आधा अर्थात् 800 का 5%, 40 है। चूँकि 42, 40 से थोड़ा ज्यादा है, हम गणना कर सकते हैं कि यह 5% से थोड़ा ज्यादा होगा। अत: हम कह सकते हैं कि 42, 800 का लगभग 5% है।

अन्य उदाहरण : 650, 45 का कितना प्रतिशत है।

यहाँ हम पहले 650 का 10% ज्ञात करते हैं, जो कि 65 है। चूँकि 45, 65 से छोटा है अत: हम 650 का 5% ज्ञात करते हैं। उत्तर 32.5 प्राप्त होता है।

यहाँ 45, 5% से निश्चित ही ज्यादा है। अत: हम आगे बढ़ते हैं और 650 का 1% ज्ञात करते हैं, जो 6.50 प्राप्त होता है।

5% ⟶ 32.5

1% ⟶ 6.5

1% ⟶ 6.5

हम 650 का 7% ज्ञात करते हैं, जो हमें 45.5 प्राप्त होता है। अत: 45, 650 के 7 प्रतिशत से थोड़ा कम है।

इस विधि को अच्छे से समझने के लिए एक प्रश्न और हल करते हैं। 73, 3568 का कितना प्रतिशत प्राप्त होता है।

हम 3568 का 1% प्राप्त करते हैं। यह हमें 35.68 देता है। चूँकि 73, 35 से लगभग दुगुना है, हम 3568 का 2 प्रतिशत ज्ञात करते हैं, जो 71.36 है, अत: 73, 2 प्रतिशत से ज्यादा है। प्रतियोगी परीक्षा में लगभग उत्तर ज्ञात करने में श्रेष्ठ होकर आप जल्द ही सही उत्तर प्राप्त कर सकते हैं।

प्रतिशत में वृद्धि या कमी

यहाँ याद रहे कि प्रतिशत में वृद्धि या कमी तथा वास्तविक मान में हमेशा संबंध होता है।

अत: माना हम किसी मान में 18 प्रतिशत की वृद्धि करते हैं, तब शीघ्र ही 18 प्रतिशत ज्ञात कर वास्तविक मान में जोड़ते हैं। वास्तविक अंक में 1.18 से साधारण गुणा करते हैं और उत्तर प्राप्त करते हैं।

हम 673 में 23 प्रतिशत की वृद्धि करते हैं। हमें 673 में 1.23 को गुणा करके हमारे उत्तर को ज्ञात करने की क्या आवश्यकता है?

यहाँ हम वज्र एवं लंबवत् गुणा करते हैं और मैं जानता हूँ, आप इसमें श्रेष्ठ हैं।

पद–1 : हम 673 × 1.23 को गुणा करते हैं। दशमलव को प्रारंभ में नजरअंदाज करते हैं। हम 3 × 3 कर इकाई स्थान पर 9 प्राप्त करते हैं।

पद–2 : अब हम वज्र गुणा करते हैं। अत: हम (3 × 7) + (3 × 2) = 21 + 6 = 27 प्राप्त करते हैं। यहाँ हम 7 को दहाई स्थान पर लिखकर 2 को अगले पद में हासिल लगाते हैं।

पद–3 : अब हम 'STAR' गुणन करते हैं। अत: हम (3 × 6) + (7 × 2) + (3 × 1) = 35 + 2 (हासिल)=37 प्राप्त करते हैं। 7 को नीचे लिखकर 3 को हासिल लगाते हैं।

पद–4 : अब हम वज्र गुणा करते हैं। अत: यहाँ हम (1 × 7) + (2 × 6) = 7 + 12 + 3 (हासिल)=22 प्राप्त करते हैं। 2 को नीचे लिखकर 2 को हासिल लगाते हैं।

पद-5 : अब हम लंबवत् गुणा 1 × 6 = 6 + 2 (हासिल) = 8 प्राप्त करते हैं।

अत: उत्तर 82779 प्राप्त करते हैं। हम दशमलव दाएँ स्थान से लगाते हैं। अत: अभिष्ट उत्तर 827.79 प्राप्त करते हैं।

अपने अगले उदाहरण के लिए हम 450 में 34 प्रतिशत की वृद्धि करते हैं।

इस उदाहरण में प्रतिशत की गणना करते हैं और उसमें जोड़ते हैं। हम 450 को 1.34 से साधारण गुणा वज्र एवं लंबवत् गुणन विधि से करते हैं।

पद-1 : हम 4 और 0 को लंबवत् गुणा करते हैं। अत: हमें इकाई स्थान पर शून्य प्राप्त होता है।

पद-2 : अब हम वज्र गुणा (4 × 5) + (3 × 0) = 20 प्राप्त करते हैं। पुन: 0 को नीचे लिखकर 2 को हासिल लगाते हैं।

पद-3 : अब हम 'STAR' गुणा करते हैं। अत: हमें (4 × 4) + (1 × 0) + (3 × 5) = 31 + 2 (हासिल) = 33 प्राप्त होता है। हम 3 को नीचे लिखकर 3 को हासिल लगाते हैं।

पद-4 : अब हम (3 × 4) + (1 × 5) = 12 + 5 = 17 + 3 (हासिल) = 20 प्राप्त करते हैं। 0 को नीचे लिखकर 2 हासिल लगाते हैं।

पद-5 : अंतिम पद में हम लंबवत् गुणा (1 × 4) = 4 + 2 (हासिल) = 6 प्राप्त करते हैं।

दाईं तरफ से दो स्थान छोड़कर दशमलव बिंदु लगाते हैं। अत: हमारा उत्तर 603.00 है।

अब हम प्रतिशत में कमी वाला प्रश्न हल करते हैं।

हम 500 में 25 प्रतिशत की कमी करते हैं। अत: हम 500 को 0.75 से गुणा करते हैं, जो कि 1 – 0.25 है। हम 0.75 से गुणा करते हैं, क्योंकि हम 500 का 75 प्रतिशत ज्ञात करते हैं अथवा 500 का 25 प्रतिशत कमी ज्ञात करते हैं। अत: हम 0.75 × 500 का गुणनफल वज्र एवं लम्बवत् गुणन विधि से निकालते हैं।

पद-1 : हम लंबवत् 5×0 करते हैं, जो इकाई स्थान पर शून्य देता है।

पद-2 : अगले पद में हम वज्र गुणन (5 × 0) + (7 × 0) = 0 प्राप्त

करते हैं। इसे दहाई स्थान पर लिखते हैं।

पद–3 : अब हम 'STAR' गुणा (5 × 5) + (0 × 0) + (7 × 0) = 25 प्राप्त करते है। हम 5 को नीचे लिखकर 2 को हासिल लगाते हैं।

पद–4 : अब हम वज्र गुणा करते हैं। अत: हम (7 × 5) + (0 × 0) = 35 + 2 (हासिल) = 37 प्राप्त करते हैं। 7 को सैकड़े के स्थान पर लिखकर 3 हासिल लगाते हैं।

पद–5 : अब लंबवत् गुणा (0 × 5) = 0 + 3 (हासिल) = 3 प्राप्त करते हैं। यह अंतिम पद है तथा उत्तर 37500 है। हम दाईं तरफ से दो स्थान छोड़कर दशमलव बिंदु लगाते हैं। अत: उत्तर 375.00 प्राप्त करते हैं।

अगले उदाहरण में 878 में 62 प्रतिशत की कमी करते हैं।

यहाँ हम 878 को 0.38 से गुणा करते हैं, जो कि 1 – 0.62 है। हम 0.38 से गुणा करते हैं, क्योंकि हमें 878 का 38 प्रतिशत ज्ञात करना है या 878 से 62 प्रतिशत कम ज्ञात करना है।

पद–1 : हम लंबवत् 8 × 8 गुणन करते हैं, जो हमें 64 देता है। हम 4 को नीचे लिखकर 6 हासिल लगाते हैं।

पद–2 : अब हम वज्र गुणन (8 × 7) + (3 × 8) = 56 + 24 = 80 + 6 (हासिल) = 86 प्राप्त करते हैं। अत: हम 6 को नीचे लिखकर 8 हासिल लगाते हैं।

पद–3 : अब हम 'STAR' गुणन (8 × 8) + (0 × 8) + (3 × 7) = 64 + 0 + 21 = 85 + 8 (हासिल) = 93 प्राप्त करते हैं। 3 को नीचे लिखकर 9 को हासिल लगाते हैं।

पद–4 : अब हम लंबवत् गुणा करते हैं। अत: (3 × 8) + (0 × 7) = 24 + 0 = 24 + 9 (हासिल) = 33 प्राप्त करते हैं। 3 को नीचे लिखकर 3 हासिल लगाते हैं।

पद–5 : अंत में हम (0 × 8) = 0 + 3 (हासिल)=3 प्राप्त करते हैं। अत: यह 33364 प्राप्त होता है। दाईं तरफ से दो स्थान छोड़कर दशमलव लगाकर 333.64 उत्तर प्राप्त करते हैं। अत: हम 878 × 0.38 = 333.64 प्राप्त करते हैं, जो कि 878 में 62 प्रतिशत कम है।

अत: इस अध्याय का अंतिम उदाहरण—345 में 18 प्रतिशत की कमी ज्ञात करते हैं।

यहाँ हम 345 को 0.82 से या 345 × (1–0.18) से गुणा करते हैं।

पद–1 : हम 2 × 5 = 10 गुणन प्राप्त करते हैं। 0 को नीचे लिखकर 1 हासिल लगाते हैं।

पद–2 : हम वज्र गुणा करते हैं, जो (2 × 4) + (8 × 5) = 8 + 40 = 48 + 1 (हासिल) = 49 प्राप्त होता है। 9 को नीचे लिखकर 4 हासिल लगाते हैं।

पद–3 : अब हम 'STAR' गुणा करते हैं। (2 × 3) + (0 × 5) + (8 × 4) = 6 + 0 + 32 = 38 + 4 (हासिल) = 42 प्राप्त करते हैं। अत: 2 को नीचे लिखकर 4 हासिल लगाते हैं।

पद–4 : अब हम (8 × 3) + (0 × 4) = 24 + 4 (हासिल) = 28 प्राप्त करते हैं। 8 को नीचे लिखकर 2 हासिल लगाते हैं।

पद–5 : हम 0 × 3 = 0 + 2 (हासिल) = 2 प्राप्त करते हैं।

अत: हमारा उत्तर 28290 है। दाईं तरफ से दो स्थान छोड़कर दशमलव लगाते हैं, जिससे हमें 282.90 प्राप्त होता है।

यह प्रतिशत को बहुत आसान बनाता है। यह सब वज्र एवं लंबवत् गुणन सूत्र के प्रयोग से हुआ है। ये सब प्रतिशत को आसान बनाते हैं, सच में।

गणित में अंक प्राप्त करने के लिए आभार का अभ्यास

गणित में अच्छे अंक प्राप्त करने का एक उचित उपाय आभारी होना है। आप आश्चर्यचकित होंगे कि यह कैसे हो सकता है। आभारी होने और गणित के अंक प्राप्त करने में क्या संबंध है, ये दोनों बिल्कुल अलग लगते हैं, सही? गलत!

अपनी जिंदगी में आभारी होना बहुत अच्छी बात है, परंतु अप्रिय, असुविधा तथा भयावह चीजों जैसे गणित से आभारी होना बहुत कठिन होता है। क्या स्थिति है, इस पर ध्यान न दें, बस अपना ध्यान केंद्रित करें और हिम्मत न हारें। यदि आपको गणित के गृहकार्य में संयम काफी मुश्किल लगता है या बीजगणित के सिद्धांत को समझने में काफी समय लगता है या गणित की परीक्षा में आप अनुत्तीर्ण हो गए हैं तो कोई बात नहीं, बस सकारात्मक रहें और हार न मानें।

आपके लिए गणित परीक्षा में अनुत्तीर्ण होने से ज्यादा बुरा और क्या हो सकता है ? अगली बार आप ऐसे सोचें, बस देश के उन लाखों बच्चों के बारे में सोचें, जो आज तक विद्यालय भी नहीं गए हैं। कम-से-कम अपने परिजनों तथा अध्यापकों, जो आपके लिए बहुत मेहनत करते हैं, उनके आभारी रहों। अत: अगली बार, जब आप उदास हों या सुस्त हों, तो बस इन बातों को सोचें और अपने आपमें उत्साह लाएँ।

प्रारंभ में आप क्या कर सकते हैं, एक नई डायरी लें और गणित में उन चीजों को लिखना प्रारंभ करें, जिसके लिए आप आभारी हैं। आप कुछ और भी लिख सकते हैं। आप निम्न बातें लिख सकते हैं—

1. बीजगणित के सिद्धांत पढ़ाने के लिए मैं अपने गणित के अध्यापक का आभारी हूँ।
2. मेरी गलतियों को बताने तथा उन्हें सुधारने में मदद करने के लिए मैं अपने गणित के अध्यापक का आभारी हूँ।
3. परीक्षा से पूर्व गणित में सही उत्तर प्राप्त करने तथा उसमें मदद करने के लिए मैं बहुत खुश हूँ तथा मित्र का आभारी हूँ।

लिखने के बजाय आप आभारी महसूस कर सकते हैं। अपने हृदय से महसूस करें तथा मनन करना या प्रतिबिंबित करना प्रारंभ करें कि आप किस लिए आभारी हैं। तब इसे लिखें, यह आपको नया दृष्टिकोण देगा। अत: याद रखें, गणित के लिए आभार दर्शाना थोड़ा कठिन है, परंतु यदि आप जिद्दी हैं, तो आप गणित में सकारात्मक एवं प्रभावी अंक प्राप्त कर सकते हैं। मेरा विश्वास करें।

❑

10

विभाज्यता

इस अध्याय में हम विभाज्यता के बारे में पढ़ेंगे। हम सीखेंगे कि कैसे शीघ्रता से ज्ञात कर सकें कि कोई संख्या किसी अन्य संख्या से विभाज्य है या नहीं। यह सादृश्य नियम द्वारा हल किया जा सकता है, परंतु सादृश्य नियम के पहले हम विभाज्यता के कुछ नियमों की जानकारी लेते हैं।

विभाज्यता

हम कैसे ज्ञात कर सकते हैं कि संख्या 2 से विभाज्य है या नहीं

यह बहुत आसान हैं। 2 से विभाज्य होने के लिए किसी संख्या का अंतिम अंक सम—2, 4, 6, 8 या 0 होना चाहिए।

हम कैसे ज्ञात कर सकते हैं कि संख्या 3 से विभाज्य है या नहीं

मेरा विश्वास है कि आप पहले से जानते होंगे। 3 से विभाज्यता ज्ञात करने के लिए हम संख्या के अंकों को जोड़ते हैं और यदि प्राप्त योगफल 3 से पूर्णत: विभाजित होता है, तो हम कह सकते हैं कि वह संख्या 3 से विभाज्य है। उदाहरणतया, यदि हम संख्या 345 लेते हैं तो हम कह सकते हैं कि यह 3 से विभाज्य है, क्योंकि 3+4+5=12 और 12, 3 का गुणज है।

यदि अंतिम दो अंक 4 से विभाजित हों तो वह संख्या 4 से विभाजित होती है। उदाहरणतया, यदि हम 8732 लेते हैं, तो अंतिम अंक 32, 4 से पूर्णत: विभाजित है। अत: हम कह सकते हैं कि 8722, 4 से विभाज्य है।

5 से विभाज्यता के लिए यदि अंतिम अंक में 5 या 0 हो तो वह 5 से विभाज्य है। यह अत्यंत आसान है।

क्या आप जानते हैं, 6 पहली सम्मिश्रित संख्या है, अत: हम दोनों 2

तथा 3 की विभाज्यता जाँचते हैं।

7 से विभाज्यता को हम जल्द ही आगे ज्ञात करते हैं।

यदि अंतिम तीन अंक 8 से विभाजित है, तो हम कह सकते हैं कि वह संख्या 8 से विभाज्य है। उदाहरणतया, यदि संख्या 337312 है, अंतिम तीन संख्या 312 है, जो 8 से विभाजित है। अब हम कह सकते हैं कि यह 8 से विभाज्य है।

संख्या 9 से विभाजित है, यदि सभी संख्याओं के अंकों का योग 9 का गुणज हो।

अंत में हम कह सकते हैं कि संख्या 10 से विभाजित है यदि संख्या का अंतिम अंक 0 है।

अब हम विभाज्यता का नियम बड़े अंकों जैसे अविभाज्य संख्याओं पर देखेंगे—

सादृश्य (Osculator)

सादृश्य वह संख्या है, जो एक से पहले तथा एक से बड़ी है, जब संख्या 9 पर या कोई श्रृंखला 9 पर समाप्त होती है।

1. उदाहरणतया, यदि 29 लेते हैं, तो सादृश्य 3 है, क्योंकि 9 से पहले 2 है और 2 से एक ज्यादा 3 है।

2. यदि हम 59 लेते हैं, सादृश्य 6 है, क्योंकि 9 से पहले 5 है तथा 5 से एक ज्यादा 6 है।

3. इसी तरह 79 का सादृश्य 8 है।

4. 13 के लिए सादृश्य 4 है, क्योंकि अंत में 9 प्राप्त करने के लिए हम 13 को 3 से गुणा करते हैं, जो हमें 39 देता है। इसके लिए सादृश्य 4 है।

5. 7 के लिए सादृश्य 5 है, क्योंकि 9 प्राप्त करने के लिए हम 7 को 7 से गुणा करते हैं, जो हमें 49 देता है, जिसके लिए सादृश्य 5 है।

6. 17 के लिए सादृश्य 12 है, क्योंकि 9 प्राप्त करने के लिए 17 को 7 से गुणा करके 119 प्राप्त करते हैं। अतः सादृश्य 12 है।

7. 23 के लिए सादृश्य 7 है, क्योंकि 9 प्राप्त करने के लिए 23 को 3 से गुणा करते हैं, जो हमें 69 देता है। इसके लिए सादृश्य 7 है।

सादृश्य विधि

यह विधि हमें किसी भी संख्या के लिए विभाज्यता नियम प्राप्त कराती है।

1. हमें ज्ञात करना है कि 112, 7 से विभाज्य है या नहीं।

हम जानते हैं कि 7 के लिए सादृश्य 5 है। अब हम सादृश्यता 112 और 5 की ज्ञात करते हैं।

सादृश्यता के लिए हम अंतिम अंक में सादृश्य भाजक (यहाँ 7 है) से गुणा करते हैं तथा पूर्व अंक में प्राप्त परिणाम को जोड़ते हैं।

अतः, हमारे पास 112 है।

11+(2×5)

=11+10

=21

हम पुनः सादृश्य करेंगे। हम 1 को 5 से गुणा करके 2 में जोड़ते हैं।

=2+(1×5)

=7

चूँकि हमारा सादृश्य स्वयं भाज्य (7) से विभाज्य है। हम कह सकते हैं कि 112, 7 से विभाजित है।

2. अन्य उदाहरण लेते हैं। हम जानना चाहते हैं कि 49, 7 से विभाज्य है या नहीं।

पुनः हम 7 का सादृश्य ज्ञात करते हैं, जो 5 है। अब हम 49 को 5 से सादृश्य करते हैं।

यह 49 बनता है।

=4+(9×5)

=49

=4+(9×5)

=49

हम देखते हैं कि हमारे सादृश्य 49 की पुनरावृत्ति होती है और जब भी हम सादृश्य प्राप्त करते हैं, तो हम देखते हैं कि केवल 7 के गुणक प्रस्तुत होते हैं और जो संख्या 7 की गुणन नहीं है, वह कभी 7 के गुणज को प्रस्तुत

नहीं करती है। इसका मतलब 49, 7 से विभाज्य है।

3. अन्य उदाहरण लेते हैं, माना हमें 2844 की विभाज्यता 79 से ज्ञात करनी है। पहले हम 79 का सादृश्य ज्ञात करते हैं, जो 8 है।

अब हम 2844 को 8 के साथ मिलाते हैं।

2844

284+(4×8)

=284+32

=316

=31+(6×8)

=31+48

=79

चूँकि हमारा सादृश्य 79 (स्वयं है), हम कह सकते हैं कि 2844, 79 से विभाज्य है।

अब यह कितना आसान है, सादृश्य ज्ञात करके उसे मिला दो। बस यही करना है। अत: हम इस नियम से किसी भी संख्या की विभाज्यता ज्ञात कर सकते हैं।

अन्य उदाहरण लेते हैं। क्या 1035, 23 से विभाज्य है ?

पहले हम सादृश्य ज्ञात करते हैं। हम 23 को 3 से गुणा करते हैं, जो 69 प्राप्त होता है। अब हम गणित सूत्र प्रयोग करते हैं, इकाई अंक से पहले वाली संख्या से एक अधिक—6 से एक अधिक 7 है। अत: सादृश्य 7 है।

अब हम 1035 को 7 से मिलाते हैं।

1035

=103+(5×7)

=138

=13+(8×7)

=13+56

=69

=6+(9×7)

=69

हम देखते है 69 ही 69 की पुनरावृत्ति करता है। 69, 23 का गुणज है। अत: हम कह सकते हैं 1035, 23 से विभाज्य है।

4. क्या 6308, 38 से विभाज्य है?

हम पहले देखते हैं कि 38 मिश्रित संख्या है, जो 2 तथा 19 से मिलकर बनी है।

2×19=38, अत: हम 2 तथा 19 से विभाज्यता की जाँच करते हैं। चूँकि 6308 सम संख्या है, अत: यह 2 से विभाजित होगी।

अब हमें 19 से विभाज्यता जाँचने की आवश्यकता है। हम इकाई अंक से पहले वाली संख्या से एक अधिक सूत्र का प्रयोग करते हैं और 1 से एक अधिक 2 प्राप्त करते हैं। हमारा सादृश्य 2 है।

अब हम 6308 को 2 के साथ मिलाते हैं।

6308

=630+(8×2)

=646

=64+(6×2)

=76

=7+(6×2)

=19

हमें इस प्रक्रिया में 19 प्राप्त होता है, जिसका मतलब है 6308, 38 से विभाज्य है।

5. अब अन्य प्रश्न हल करते हैं। 334455 की 39 से विभाज्यता की जाँच करते हैं।

हम 39 का सादृश्य ज्ञात करते हैं, जो 4 है। अब 334455 को 4 से मिलाते हैं। हमारी प्रक्रिया निम्न प्रकार है—

334455

=33445+(5×4)

=33465

=3346+(5×4)

=3366

336+(6×4)

=360

=36+(0×4)

=36

अत: हमारा अंतिम परिणाम 36 प्राप्त होता है, जो हमारे विभाजक 39 से कम है, हम कह सकते हैं कि 334455, 39 से विभाज्य नहीं है।

6. क्या 3588, 69 से विभाज्य है या नहीं। मैं आशा करता हूँ, यह प्रश्न पहले से आसान होगा। 69 का सादृश्य 7 है, जो कि आप याद कर चुके हैं।

अत: जल्द से अगले पद पर जाते हैं और 3588, 7 को मिलाते हैं।

3588

=358+(8×7)

=414

=41+(4×7)

=69

चूँकि इस प्रक्रिया के बाद हमें 69 प्राप्त होता है तथा यह विभाजक भी है। हम कह सकते हैं कि 3588, 69 से विभाज्य है।

ऋणात्मक सादृश्य (Negative Osculator)

जिस संख्या के लिए ऋणात्मक सादृश्य प्राप्त होता है, वह भाजक 1 से समाप्त होती है।

माना हमारे पास 51 भाजक है, ऋणात्मक सादृश्य 5 होना चाहिए—हम 1 को छोड़ते हैं।

भाजक 81 का ऋणात्मक सादृश्य 8 होता है, चूँकि हम 1 छोड़ते हैं।

हम कहते हैं भाजक 7 है। हम 7 को 3 से गुणा करके इसके अंत में 1 अंक प्राप्त करते हैं, अत: 21 प्राप्त होता है, हम 1 को छोड़ते तथा ऋणात्मक सादृश्य 2 प्राप्त करते हैं।

सादृश्य विधि

हम एक प्रश्न लेते हैं—क्या 6603, 31 से विभाज्य है।

31 का ऋणात्मक सादृश्य 3 प्राप्त करते हैं—हम 1 को छोड़ते हैं।

अब हम 6603 को 3 से मिलाते हैं।

सादृश्य अंक के लिए हम अंतिम अंकों को ऋणात्मक सादृश्य से गुणा करते हैं और पूर्व परिणामी अंक में से घटाते हैं।

अत:—

660–(3×3)=651

65–(1×3)=62

6–(2×3)=6–6=0

अंक की विभाज्यता के लिए, सादृश्य का परिणाम भी भाज्य शून्य या पूर्व परिणाम की पुनरावृत्ति होनी चाहिए। यह 0 दिखाता है कि 6603, 31 से विभाज्य है।

अन्य उदाहरण लेते हैं—क्या 11234, 41 से विभाज्य है?

41 के लिए ऋणात्मक सादृश्य 4 है, अत: हम 1 छोड़ते हैं।

अब हम 11234 को 4 से मिलाते हैं। अत:—

1123–(4×4)=1107

110–(7×4)=82

8–(2×4)=0

यह 0 बताता है कि संख्या 11234, 41 से पूर्णत: विभाजित है।

अन्य उदाहरण लेते हैं। ज्ञात करो 2275, 7 से विभाज्य है।

हम पहले ऋणात्मक सादृश्य ज्ञात करते हैं। यह हम 7 को 3 से गुणा करके प्राप्त करते हैं, जो 21 देता है। हम एक छोड़ते हैं और ऋणात्मक सादृश्य 2 प्राप्त करते हैं।

अब हम मिलाते हैं।

227–(5×2)=217

21–(7×2)=7

अत: हमें 7 प्राप्त होता है (जो भाजक है), अत: परिणामस्वरूप हम कह सकते हैं कि 2275, 7 से भाज्य है।

464411 की विभाज्यता 71 से जाँचते हैं। पहले ऋणात्मक सादृश्य ज्ञात करते हैं, जो यहाँ 7 है।

अत: 46441−(1×7)=46434

4643−(4×7)=4615

461−(5×7)=426

42−(6×7)=0

यह 0 दर्शाता है कि 464411, 7 से विभाज्य है।

ध्यान देने योग्य बिंदु

1. सभी प्रकारों में धनात्मक एवं ऋणात्मक सादृश्यों का योग भाजक के बराबर होता है।
2. 1 और 7 पर समाप्त होनेवाले भाजकों के लिए ऋणात्मक सादृश्य, धनात्मक सादृश्य से छोटा है, हम उसे प्रयोग में ले सकते हैं।
3. और 3 तथा 9 पर समाप्त होनेवाले भाजकों के लिए धनात्मक सादृश्य छोटा होता है। हम उसे प्रयोग में ले सकते हैं।

मस्तिष्क की शक्ति का दोहन

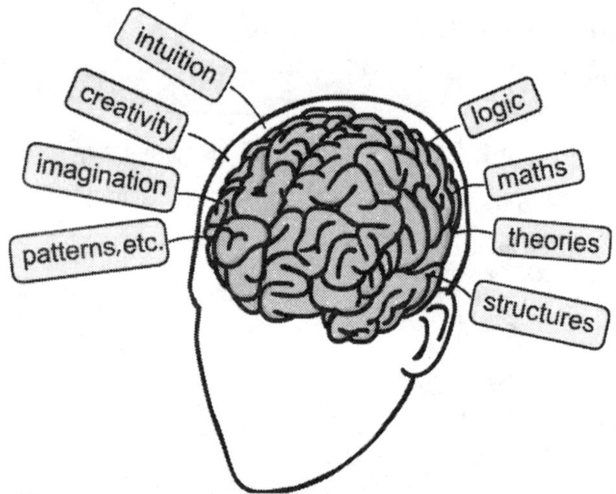

आपकी पसंद तथा आपके द्वारा किए कार्य ही आपकी जिंदगी में प्राप्त परिणामों का निर्धारण करते हैं और आपकी पसंद तथा आपके कार्य आप क्या सोचते हो और कैसे आप अपने दिमाग का प्रयोग करते हो। जब तक आप क्या सोचते हो, बदलते हो, तब तक आप अपने समान व्यवहार एवं कार्य से

बहुत ज्यादा समान परिणाम प्राप्त कर चुके होते हो, पर आप भिन्न प्रकार से सोचना और दिमाग के विभिन्न भागों का प्रयोग कर विभिन्न परिणाम प्राप्त कर सकते हो।

आपके दिमाग के दो भाग होते हैं—बायाँ और दायाँ। वे दोनों उत्तम परिणाम प्राप्त करने के लिए संतुलन बनाते हैं। बायाँ दिमाग तर्क, गणित, सिद्धांतों और संरचना को केन्द्रित करता है, जबकि दायाँ दिमाग अंतर्ज्ञान, रचनात्मकता, कल्पना, पैटर्न आदि से संबंधित होता है।

अतः बाएँ तथा दाएँ दिमाग की तुलना उनके गुण से करें तथा देखें कि कौन सा पक्ष ज्यादा ताकतवर एवं समझदार है, उस पर ध्यान देकर परिणाम को बढ़ाया जा सकता है।

अतः प्यारे विद्यार्थियों! यदि आप अपने आपको गणित में परेशान पाते हों, तो अपने बाएँ दिमाग से ज्यादा कार्य करें, क्योंकि इसमें तर्क, डाटा और सिद्धांतों को हल करने की क्षमता है।

वैदिक गणित की एक महत्त्वपूर्ण बात यह है कि यह बाएँ दिमाग का भी व्यायाम कराता है। बाएँ दिमाग के साथ आप क्रिया द्वारा अपने दाएँ दिमाग से गणितीय पैटर्न का हल, जो दृश्य हो आदि द्वारा कार्यरत रह सकते हो। यह आपके पूरे दिमाग के विकास के लिए अच्छा तरीका है।

तीन प्रकारों की मदद से अपने पूरे दिमाग की क्षमता बढ़ाकर आप अच्छे परिणाम तथा संतुलित व्यक्ति बन सकते हैं।

1. पहेलियाँ हल करें। अपने पैटर्न के कारण सुडोकु (SUDOKO) पहले बाएँ तथा दाएँ दिमाग के विकास के लिए बहुत अच्छी पहेली है।
2. पढ़ते समय थोड़ा अंतराल लें। पढ़ते समय दिमाग नब्बे मिनट में प्रभावित हो जाता है, तब छोटा अंतराल लें और पुनः पढ़ाई प्रारंभ करें।
3. जब आप गणित में लक्ष्य निर्धारित करें, तो सुनिश्चित करें कि आप अपने आपसे बातें करेंगे और अपने कार्य की कल्पना करेंगे (दाएँ दिमाग की क्रिया)। उदाहरणतया अपने आपसे कहें, "मैं श्रेष्ठ हूँ...मैंने गणित में 100 प्रतिशत अंक प्राप्त किए हैं," जो आपको प्रोत्साहित रखेगा।

❑

11
वर्ग

एक बार गणित सूत्र याद करने के बाद आप देखेंगे कि वर्ग ज्ञात करने की कई विधियाँ हैं। मैं अब जो बताने जा रहा हूँ, वह वर्ग ज्ञात करने की साधारण विधि है। इस विधि को दोहरेपन विधि से वर्ग ज्ञात करना कहते हैं और यह वज्र एवं लंबवत् तकनीक का ही एक सिद्धांत है, जो कि आपको याद भी होगा।

प्रतियोगी परीक्षाओं के लिए यह एक महत्त्वपूर्ण विषय भी है। इस अध्याय में आप दाएँ से बाएँ ही नहीं, बल्कि दिमाग से एक पंक्ति में वर्ग प्राप्त करना सिखेंगे। चलो शुरुआत करते हैं।

दोहरापन (दुगुना)

इसके नाम से ही अंदाजा लगता है, दोहरी मतलब दुगुने या किसी दो से संबंधित है। हम इस सिद्धांत का उपयोग विभिन्न संख्याओं के वर्ग ज्ञात करने में करेंगे।

इसके तीन प्रकार हैं—

विशिष्ट संख्या का दोहरापन

विशिष्ट संख्या का दोहरापन (एक-अंकीय संख्या) का साधारणतया वर्ग a^2 होता है।

अत: 7 का दोहरापन, उसका वर्ग 49 प्राप्त होता है।

8 का दोहरापन, उसका वर्ग 64 है।

सामान्यतया 5 का दोहरापन 25 होगा।

याद रहे, यह केवल विशिष्ट अंकों पर ही लागू होता है।

अब अगले प्रकार पर विचार करते हैं।

संख्या का सम संख्या के साथ दोहरापन

यहाँ हम सम संख्या नहीं, अपितु संख्या में सम अंक लेते हैं, मतलब वह संख्या, जिसमें अंकों की संख्या सम हो।

उदाहरणतया हम संख्या 78 लेते हैं। यह एक सम अंकीय संख्या है, क्योंकि इसमें दो अंक 7 तथा 8 हैं।

64 भी सम संख्या है, क्योंकि इसमें 6 एवं 4 दो अंक है।

अब दो अंकों की संख्या का वर्ग ज्ञात करने के लिए सूत्र $2ab$ प्रयोग करते हैं। जहाँ a और b क्रमशः पहली तथा दूसरी संख्या को दर्शाते हैं।

माना हमें 81 का दोहरापन करना है, यह $2 \times 8 \times 1 = 16$ प्राप्त होगा।

अत: 81 का दोहरापन 16 है।

अब 73 का दोहरापन ज्ञात करते हैं, जो $2 \times 7 \times 3 = 42$ प्राप्त होता है।

1234 का दोहरापन $(2 \times 1 \times 4) + (2 \times 2 \times 3) = 8 + 12 = 20$ होता है।

8231 का दोहरापन= $(2 \times 8 \times 1) + (2 \times 2 \times 3) = 16 + 12 = 28$ है।

अन्य उदाहरण से समझते हैं। 7351 का दोहरापन $(2 \times 7 \times 1) + (2 \times 3 \times 5)$ $= 14 + 30 = 44$ है।

मैं आशा करता हूँ, यह स्पष्ट है।

अब हम विषम अंकों का दोहरापन ज्ञात करना सीखते हैं।

विषम अंक संख्या का दोहरापन

विषम अंक संख्या का दोहरापन विशिष्ट अंक तथा सम अंक संख्या के दोहरापन का संयोजन है। दो दोहरेपन का संकर है।

उदाहरणतया, हम 178 लेते हैं। यह विषम अंक संख्या है, क्योंकि इसमें अंकों की संख्या तीन है, जो विषम संख्या है।

अत: विषम अंकों की संख्या का दोहरापन ज्ञात करने के लिए $m^2 + 2ab$ सूत्र का प्रयोग करते हैं।

यहाँ m मध्य अंक है और a तथा b क्रमशः प्रथम तथा अंतिम अंक हैं।

अब हम 372 का दोहरापन ज्ञात करते हैं। $372 = 7^2 + (2 \times 3 \times 2) = 49 + 12 = 61$

286 का दोहरापन होगा।

$286 = 8^2 + (2\times2\times6) = 64+24= 88$

तथा 789 का दोहरापन

$789 = 8^2 + (2 \times 7 \times 9) = 64 + 126 = 190$

अब हम दोहरेपन का सिद्धांत समझ चुके हैं, वर्ग ज्ञात करना आसान और मजेदार है। हम इसे अपनाते हैं और संख्याओं का वर्ग ज्ञात करते हैं।

दोहरी विधि से वर्ग ज्ञात करना

दो-अंकों का वर्ग

$(ab)^2 = (a\,|\,ab\,|\,b)$ का दोहरापन

पहला उदाहरण : 57^2 से प्रारंभ करते हैं।

यहाँ $a = 5$ तथा $b = 7$ है।

पद-1 : हम पहले 5 का दोहरापन ज्ञात करते हैं, जो 25 है।

तब तक 57 का दोहरापन $2ab$ सूत्र से ज्ञात करते हैं जो 2×5×7= 70 है।

अंत में, हम 7 का दोहरापन 7^2=49 प्राप्त करते हैं।

हम दोहरेपन को निम्न प्रकार लिखते हैं—

25|70|49

पद-2 : इस पद में हम दाएँ के बाद योग प्रारंभ करते हैं।

25|70|49

3249

1. हम 49 में से 9 को नीचे लिखकर 4 को हासिल लगाते हैं।
2. तब हम 70+4=74 प्राप्त करते हैं, बाद में 4 नीचे लिखकर 7 हासिल लगाते हैं।
3. अंत में हम 25+7 (हासिल)=32 प्राप्त करते हैं।
4. हमारा उत्तर 3249 है।

अन्य उदाहरण 74^2 लेते हैं।

पद-1 : पहले हम सभी अंकों का दोहरापन ज्ञात करते हैं।

1. अत: 7 का दोहरापन 7^2=49 प्राप्त होता है।
2. अगला, हम 74 का दोहरापन 2×7×4 =56 प्राप्त करते हैं।

3. अंत में, हम 4 का दोहरापन 16 प्राप्त करते हैं।

अब हम इसे निम्न प्रकार लिखते हैं—

$$49|56|16$$

पद-2 : इस पद में हम योग प्रारंभ कर अभीष्ट उत्तर प्राप्त करते हैं। अत: हम दाएँ से बाएँ प्रारंभ करते हैं।

1. पहले हम 16 में से 6 को नीचे लिखकर 1 का हासिल लगाते हैं।

2. अत: 56+1=57। अब हम 7 को नीचे लिखकर 5 का हासिल लगाते हैं।

3. अत: अंत में 49+5=54

हमारा अभीष्ट उत्तर 5476 है।

मेरा विश्वास है, धीरे-धीरे और ध्यानपूर्वक प्रत्येक उदाहरण से आपमें थोड़ा-थोड़ा आत्मविश्वास बढ़ा होगा। अब तीन अंकों की संख्या का वर्ग ज्ञात करेंगे।

तीन अंकों का वर्ग

तीन अंकों का वर्ग

$(abc)^2 = (a\,|\,ab\,|\,abc\,|\,bc\,|\,c)$ का दोहरापन

एक बार अभ्यास प्रारंभ करने पर, यह बहुत ही आसान लगेगा। ये मेरा वादा है आपसे।

हम पहला तीन अंक का उदाहरण, 746^2 लेते हैं। अब हम दाएँ से दोहरापन ज्ञात करते हैं। हमें याद रखने की आवश्यकता है। प्रत्येक स्तंभ हमें केवल एक अंक देता है, पहले की तरह।

पद-1 : पहले हम सारे दोहरेपन ज्ञात करके उन्हें लिखते हैं। हम a, ab, abc, bc और c का दोहरापन ज्ञात करते हैं।

1. 7 का दोहरापन $7^2 = 49$ प्राप्त होता है।
2. 74 का दोहरापन 2×7×4=56 है।
3. 746 का दोहरापन $4^2 + (2\times7\times6)=16+84=100$ है।
4. 46 का दोहरापन 2×4×6=48 है।
5. 6 का दोहरापन $6^2 = 36$ है।

746^2 का दोहरापन निम्न प्रकार है—

49|56|100|48|36

पद-2 : हमें याद रखने की आवश्यकता है कि प्रत्येक स्तंभ हमें केवल एक दोहरापन देता है।

1. हम पहला अंक 6 नीचे लिखते हैं तथा 3 का हासिल लगाते हैं।
2. तब हम 3 को 48 में जोड़कर 51 प्राप्त करते हैं। 1 को नीचे लिखकर 5 का हासिल लगाते हैं।
3. 100+5=105, हम 5 नीचे लिखकर 10 हासिल लगाते हैं।
4. 56+10=66। समान पद की पुनरावृत्ति करते हैं, हम 6 नीचे लिखकर 6 हासिल लगाते हैं।
5. अत: 49+6=55 तथा अंत में 55 नीचे लिखते हैं।

49|56|100|48|36

556516

हमारा उत्तर 556516 है।

मैं आशा करता हूँ, यह स्पष्ट हो गया होगा। दोहरापन ज्ञात करना एक बात है और जोड़ना दूसरी। हम दोनों को ध्यान में रखकर वर्ग को बच्चों का खेल बना सकते हैं।

जल्द ही अन्य उदाहरण 357^2 ज्ञात करते हैं।

पद-1 : हम पहले सारे दोहरेपन ज्ञात करते हैं।

1. अत: 3 का दोहरापन 3^2 =9 है।
2. 35 का दोहरापन 2×3×5=30 है।
3. 357 का दोहरापन 5^2+(2×3×7)=25+42=67 है।
4. 57 का दोहरापन 2×5×7=70 है।
5. 7 का दोहरापन 7^2 = 49 है।

अब हम दोहरेपन को लिखते हैं।

9|30|67|70|49

पद-2 : अब हम सारे दोहरेपन को जोड़ते हैं।

1. हम 49 के 9 को नीचे लिखकर 4 हासिल लगाते हैं।

2. अत: 70+4 (हासिल)=74; हम 4 को नीचे लिखकर 7 हासिल लगाते हैं।
3. पुन: अब 67+7=74। अत: हम 4 को नीचे लिखकर 7 हासिल लगाते हैं।
4. 30+7=37, 7 को हजारवें स्थान पर लिखकर 3 हासिल लगाते हैं।
5. और अंत में, 9+3=12, जो हमें अभीष्ट उत्तर 127449 देता है।

अत: अब कठिन संख्याओं के वर्ग ज्ञात करने में कोई परेशानी नहीं है। इस विधि से वर्ग ज्ञात करना बिल्कुल आसान हो जाता है। बस हमें इतना ध्यान रखना होता है सही दोहरेपन को सही जगह लिखकर सही तरह से योग करना है।

चार अंकों का वर्ग

4 अंकों का वर्ग

$(abcd)^2 = (a \mid ab \mid abc \mid abcd \mid bcd \mid cd \mid d)$ का दोहरापन

हम उदाहरण 2894^2 लेते हैं।

पद–1 :

पहले हम बाएँ से दाएँ दोहरापन ज्ञात करते हैं।

1. 2 का दोहरापन $2^2 = 4$ है।
2. 28 का दोहरापन = 2×2×8=32 है।
3. 289 का दोहरापन = $8^2+(2\times2\times9)=64+36=100$ है।
4. 2894 का दोहरापन = (2×2×4)+(2×8×9)=16+144=160 है।
5. 894 का दोहरापन = $9^2+(2\times8\times4)=81+64=145$ है।
6. 94 का दोहरापन = 2×9×4=72 है।
7. 4 का दोहरापन = $4^2=16$ है।

अब हम इसे निम्न प्रकार व्यवस्थित करके जोड़ते हैं।

4 | 32 | 100 | 160 | 145 | 72 | 16

पद–2 : 2894^2

4 | 32 | 100 | 160 | 145 | 72 | 16

8375236

अब थोड़ा ध्यान देते हैं। यही समान विधि पहले भी उदाहरण में प्रयोग की है। हम दाएँ से बाएँ प्रारंभ करेंगे। याद रहे, प्रत्येक स्तंभ केवल हमें एक अंक देता है।

4 | 32 | 100 | 160 | 145 | 72 | 16

1. पहले हम 16 में से 6 को नीचे लिखकर 1 हासिल लगाते हैं।
2. 72+1 (हासिल) = 73। अब 3 को नीचे लिखकर 7 हासिल लगाते हैं।
3. 145+7 (हासिल)= 152। यहाँ 2 को नीचे लिखकर 15 हासिल लगाते हैं।
4. 160+15 (हासिल) = 175। अब 5 को नीचे लिखकर 17 हासिल लगाते हैं।
5. 100+17 (हासिल)=117। अब 7 को नीचे लिखकर 11 हासिल लगाते हैं।
6. 32+11 (हासिल)=43। अत: हम 3 को नीचे लिखकर 4 हासिल लगाते हैं।
7. अंत में 4+4 (हासिल)=8। अत: अभीष्ट उत्तर 8375236 है।

अन्य उदाहरण 1234^2 ज्ञात करते हैं।

पद-1 : पहले हम 1234 के अंकों का दोहरापन ज्ञात करते हैं।

1. अत: 1 का दोहरापन 1^2=1 है।
2. अगला, 12 का दोहरापन (2×1×2)=4 है।
3. 123 का दोहरापन = 2^2 + (2×1×3)=4+6=10 है।
4. 1234 का दोहरापन (2×1×4)+(2×2×3)=8+12=20 है।
5. 234 का दोहरापन 3^2+ (2×2×4) = 9+16=25 है।
6. 34 का दोहरापन 2 × 3 × 4 = 24 है।
7. अंत में 4 का दोहरापन 4^2 = 16 है।

अत: दोहरापन निम्न प्रकार है—

1 | 4 | 10 | 20 | 25 | 24 | 16

पद-2 : यह पद हमेशा योग का है।

हम दाएँ से बाएँ प्रारंभ करते हैं। याद रहे, प्रत्येक स्तंभ से एक अंक प्राप्त होता है।

1234^2

1 | 4 | 10 | 20 | 25 | 24 | 16

1522756

1. अत: हम 16 में से 6 को इकाई स्थान पर 1 को हासिल लगाते हैं।
2. 24+1 (हासिल)=25। हम 5 को नीचे लिखकर 2 हासिल लगाते हैं।
3. 25+2 (हासिल)=27। हम 7 को नीचे लिखकर 2 हासिल लगाते हैं।
4. 20+2 (हासिल)=22। हम 2 को नीचे लिखकर 2 हासिल लगाते हैं।
5. 10+2 (हासिल)=12, अत: चक्र ऐसे ही चलता है। हम 2 को नीचे लिखकर 1 हासिल लगाते हैं।
6. अत: 4+1 (हासिल) = 5। हम 5 को नीचे लिखते हैं, यहाँ कोई हासिल नहीं है।
7. अब 1 को नीचे लाते हैं।

और यहाँ हमारा अभीष्ट उत्तर 1522756 प्राप्त होता है।

वर्ग ज्ञात करना कभी भी आसान नहीं था। मुझे याद है, मैं परीक्षा हॉल में बैठे हुए अपना सिर खुजा रहा था, गुणा के बाद गुणा कर एक वर्ग प्राप्त करता था, पर मेरा विश्वास है, दोहरेपन की विधि के साथ आपकी जिंदगी आसान होगी, जब भी आपको वर्ग ज्ञात करना होगा।

वर्ग को आसान बनाना

दोहरेपन की विधि, जो हमने यहाँ देखी है, वह और भी आसान होगी। मैं दिखाता हूँ कैसे—

हम दो अंक वाली संख्या 73^2 ज्ञात करते हैं।

पद-1 : 3 का दोहरापन दिमाग में ज्ञात करते हैं—यह 9 है। अत: 9

इकाई स्थान पर लिखते हैं।

पद-2 : 73 का दोहरापन दिमाग में ज्ञात करते हैं—यह 42 है। अत: 2 को दहाई स्थान पर लिखकर 4 हासिल लगाते हैं।

पद-3 : अगले पद में हम 7 का दोहरापन ज्ञात करते हैं और यह 49 है। 49+4=53

अत: हमारा उत्तर 5329 है। क्या यह वास्तव में जल्दी नहीं था? बस इतना ही तो करना है।

अत: अब अंतिम उदाहरण 86^2 ज्ञात करते हैं।

पद-1 : हम 6 का दोहरापन ज्ञात करते हैं तथा यह 36 प्राप्त होता है। अब हम 6 को नीचे लिखकर 3 का हासिल लगाते हैं।

पद-2 : और 86 का दोहरापन 96 है और 3 जोड़ने पर हमें 99 देता है। अत: 9 को नीचे लिखकर 9 हासिल लगाते हैं।

पद-3 : अंत में 8 का दोहरापन 64 है और हासिल को जोड़ने पर 73 प्राप्त होता है। हमारा अभीष्ट उत्तर 7396 है।

याद रहे, यह हम तीन अंक, चार अंक और अधिक अंक तक बढ़ा सकते हैं।

❑

12

घन

पहले हमें आधारभूत सूत्र $(a+b)^3 = a^3 + 3a^2b + 3ab^2 + b^3$ को समझने की आवश्यकता है।

यह सूत्र किसी भी संख्या का घन ज्ञात करने का पारंपरिक सूत्र है। यहाँ इस सूत्र को हम दो पंक्ति में विस्तारित करते हैं जो हमारी गणना को सरल एवं आसान कर समझने योग्य बनाती है।

पहली पंक्ति में हम $(a+b)^3 = a^3 + a^2b + ab^2 + b^3$ लिखते हैं और दूसरी पंक्ति में हम $a^3 + 3a^2b + 3ab^2 + b^3$ है।

यह विस्तार निम्न प्रकार है—

$$
\begin{array}{r}
(a+b)^3 = a^3 + a^2b + ab^2 + b^3 \\
+2a^2b + 2ab^2 \\
\hline
a^3 + 3a^2b + 3ab^2 + b^3
\end{array}
$$

यदि आप इसे ध्यान से देखेंगे, तो आप a^3 तथा a^2b के मध्य अनुपात ज्ञात करने में सक्षम होंगे। अत: a^2b को a^3 से विभाजित करने पर हमें $\frac{b}{a}$ अनुपात प्राप्त होता है। तथा b^3 को ab^2 से विभाजित करने पुन: अनुपात $\frac{b}{a}$ प्राप्त करते हैं।

अब दूसरी पंक्ति पर विचार करते हैं। यहाँ a^2b को $2ab^2b$ से दुगुना करते हैं और सामान्यतया ab^2 का दुगुना $2ab^2$ करते हैं।

हमें बस इस सूत्र को याद रखने की जरूरत है और शेष प्रश्न अपने आप हल हो जाएगा।

एक उदाहरण द्वारा अच्छे से समझते हैं। हम 12^3 ज्ञात करते हैं।

यहाँ $a = 1$ तथा $b = 2$ है। अत: $\frac{b}{a} = \frac{2}{1} = 2$ है।

पद-1 : हम a ज्ञात करते हैं, जो $1^3 = 1$ है। यह 1 पहला अंक है और हम इसे निम्न प्रकार रखते हैं—

1

पद-2 : दूसरे पद में हम $\frac{b}{a}$ को 1 से साधारण गुणा करते हैं। अत: हमारी पहली पंक्ति निम्न प्रकार है—

1 2 4 8

पद-3 : अब हम मध्य अंकों को दुगुना करते हैं—2 और 4 को दूसरी पंक्ति में विस्तारित करते हैं। अत: 2, 4 में तथा 4, 8 में बदलता है। हमारा

प्रश्न निम्न प्रकार है—

$$\begin{array}{cccc} 1 & 2 & 4 & 8 \\ & 4 & 8 & \\ \hline \end{array}$$

पद-4 : यह अंतिम पद है, सारा कठिन परिश्रम पहले समाप्त हो चुका है। अब हम साधारण जोड़ करते हैं।

1. आप देख सकते हैं कि प्रत्येक स्तंभ हमें एक अंक देता है।
2. अतः इकाई स्थान पर हम 8 को नीचे लाते हैं और यह इकाई स्थान पर पहला उत्तर बनता है।
3. अगले पद में दहाई स्तंभ में हम 4+8=12 प्राप्त करते हैं। अतः हम 2 को नीचे लिखकर 1 हासिल लगाते हैं।
4. सैकड़ा स्तंभ में हम 2+4+1=7 प्राप्त करते हैं। अतः सैकड़ा स्थान अंत प्राप्त करते हैं।
5. अंत में, हम 1 को नीचे लाते हैं।
6. अतः हमारा उत्तर 1728 है।

$$\begin{array}{cccc} 1 & 2 & 4 & 8 \\ & 4 & 8 & \\ \hline 1 & 7 & 2 & 8 \end{array}$$

अब अन्य उदाहरण 13^3 ज्ञात करते हैं। यहाँ $\frac{b}{a} = \frac{3}{1} = 3$ प्राप्त होता है।

पद-1 : पूर्व उदाहरण की तरह पहले हम a का घन $1=1^3=1$ प्राप्त करते हैं, जिसे नीचे निम्नानुसार लिखते हैं—

$$1$$

पद-2 : अगले पद में हम $\frac{b}{a}$ को 1 से गुणा करते हैं। $\frac{b}{a}$ कुछ नहीं, परंतु यहाँ 3 है।

अतः हमारी पहली पंक्ति निम्न है—

$$1 \quad 3 \quad 9 \quad 27$$

पद-3 : अब हम मध्य अंक को दुगुना करते हैं—3 तथा 9। यहाँ

द्वितीय पंक्ति को विस्तारित करते हैं। अतः 3, 6 में 9, 18 में बदलता है। हमारा प्रश्न है—

```
1 3 9 27
    6 18
---------
```

पद-4 : अब जोड़ का समय है।

1. याद रहे, प्रत्येक स्तंभ एक अंकीय संख्या देता है।
2. अतः इकाई स्थान पर पहले हम 27 में से 7 नीचे लाते हैं तथा 2 का हासिल लगाते हैं। अतः इकाई स्थान पर 7 है।
3. अब हम दहाई स्तंभ पर जाते हैं। यहाँ हम 9+18+2 (हासिल है)=29 प्राप्त करते हैं। फिर हम 9 को दहाई स्थान पर लिखकर 2 हासिल बनाते हैं।
4. सैकड़ा स्थान पर हम 3 और 6 को और हासिल 2 को जोड़ते हैं, जिससे हमें 11 प्राप्त होता है। अतः हम सैकड़े के स्थान पर 1 लिखकर 1 हासिल लगाते हैं।
5. अंत में हजारवें स्थान पर हम 1+1=2 प्राप्त करते हैं।
6. हमारा उत्तर 2197 है।

```
1 3 9 27
    6 18
---------
2 1 9 7
```

अगले उदाहरण के लिए 32^3 लेते हैं।

पद 1 : अतः 3^3=27 है। यहाँ पहला अंक प्राप्त होता है—

27

पद-2 : अब $\frac{b}{a}=\frac{2}{3}$ है। अतः हम 27 को $\frac{2}{3}$ से गुणा करते हैं, जो हमें 18 देता है। हम पुनः $\frac{b}{a}$ से पहली पंक्ति ज्ञात करने के लिए गुणा करते हैं। हमारा प्रश्न निम्न प्रकार है—

27   18   12   8

पद–3 : अब हम मध्य अंकों को दुगुना करते हैं। अतः 18, 36 तथा 12, 24 में बदलता है। हमारा प्रश्न निम्न प्रकार है—

27   18   12   8
     36   24
____

पद–4 : अब योग करने का समय है।

1. पहले हम इकाई स्थान पर 8 को लिखते हैं और इकाई स्थान का उत्तर अंक 8 प्राप्त करते हैं।
2. दहाई स्थान पर हम 12 तथा 24 को जोड़कर 36 प्राप्त करते हैं। हम 6 को नीचे लिखकर 3 को हासिल के रूप में लिखते हैं।
3. अगले पद में सैकड़ा स्थान पर चलते हैं। हम 18 + 36 + 3 (हासिल) जोड़ते हैं।
4. जो हमें 57 देता है। हम 7 को नीचे लिखकर 5 हासिल लगाते हैं।
5. अंत में, हम 27 + 5 = 32 प्राप्त कर नीचे लिखते हैं।
6. अतः, हमारा उत्तर 32768 है।

27   18   12   8
     36   24
____
3   2   7   6   8

अंतिम उदाहरण 38^3 को जल्दी से हल करते हैं।

पद–1 : यहाँ $a = 3$ तथा b = 8 और $\frac{b}{a} = \frac{8}{3}$ है।

अतः हम सभी को $\frac{b}{a} = \frac{8}{3}$ से गुणा करते हैं। हम 3 का घन 27 ज्ञात करते हैं। हम इसे निम्नानुसार लिखते हैं—

27

पद–2 : पहली पंक्ति को ज्ञात करने के लिए हम प्रत्येक अंक को $\frac{b}{a} = \frac{8}{3}$ से गुणा करते हैं। हमारी पहली पंक्ति निम्न है।

27 72 192 512

पद–3 : द्वितीय पंक्ति के लिए हम मध्य अंकों को दुगुना करते हैं। अतः 72, 144 में तथा 192, 384 में बदलता है और हमारा प्रश्न निम्न प्रकार है—

27	72	192	512
	144	384	

पद–4 : अब जोड़ने का समय है।

याद रहे, प्रत्येक स्तंभ हमें एक अंक देता है।

1. अतः 512 में से 2 को नीचे लाते हैं। 51 को अगले स्तंभ में हासिल के रूप में लगाते हैं।
2. अब हम 192 + 384 = 51 = 627 प्राप्त करते हैं। अतः 7 को नीचे दहाई स्थान में लिखकर 62 हासिल लगाते हैं।
3. अतः सैकड़े के स्तंभ से हम 72 + 144 + 62 = 278 प्राप्त करते हैं। यहाँ हम 8 को नीचे लिखकर 27 हासिल लगाते हैं।
4. अंतिम स्तंभ में हम 27 को 27 में जोड़ते हैं, जो 54 देता है।
5. अतः हमारा अभीष्ट उत्तर 54872 है।

27	72	192	512
	144	384	

54872

गणित और संचार

गणित सीखने के वक्त अपने अध्यापक को अपनी योग्यता का अनुभव कराना अत्यंत आवश्यक है। आपको अपने अध्यापक के पास जाकर तथा विषयों को समझने के लिए सही प्रश्न पूछने में सक्षम होना चाहिए।

पहली चीज है—आपको विषय पढ़ने से पहले उसकी पूरी समझ होनी चाहिए। आपको यह जानने की आवश्यकता है कि बीजगणित क्या होता है या त्रिकोणमिति का मतलब क्या है ? 95 प्रतिशत समस्या तब उत्पन्न होती है, जब विद्यार्थी यह नहीं समझ पाता कि वह क्या पढ़ रहा है। अतः एक विद्यार्थी के रूप में आप कक्षा में पढ़ाए जानेवाले विषय को समझ पा रहे हैं

या नहीं, यह सुनिश्चित करना चाहिए।

ज्यादातर समय विद्यार्थी अध्यापक से बात करने में डरते हैं। आपको हमेशा कक्षा के बाद अपने अध्यापक से प्रश्न पूछने में स्वतंत्रता महसूस करनी चाहिए और अपनी समस्या पूछनी चाहिए। यदि आप इस डर से दूर जाते हैं तो आप आसानी से अपनी समस्या अध्यापक से पूछ पाने में सक्षम होंगे। इंटरनेट की सहायता से विद्यार्थी-अध्यापक के संबंध तथा इंटरनेट संचार पूरी तरह बदल गए हैं। आजकल आप अपने प्रश्न अध्यापक को इ-मेल कर सकते हैं। आप इंटरनेट पर भी उत्तर प्राप्त कर अपने अध्यापक या मित्र के साथ चर्चा कर सकते हैं।

आपकी कक्षा में आपके संचार प्रभाव को बढ़ाने के लिए मैं आपको पाँच टिप्स दे रहा हूँ—

1. पहले और महत्त्वपूर्ण, कक्षा में पढ़ाए जा रहे विषय का मतलब समझना चाहिए। यदि कोई परेशानी हो तो शब्दकोष में देखना चाहिए।
2. अपने अध्यापक से अच्छी तरह प्रश्न पूछना चाहिए।
3. अध्यापक से संपर्क बनाने के लिए इ-मेल का प्रयोग करना चाहिए।
4. किसी भी गणित की समस्या का उत्तर इंटरनेट पर खोजना चाहिए।
5. प्रतिदिन कक्षा में पढ़ाए गए विषय पर चर्चा करनी चाहिए और अपने मित्र के साथ नोट्स बदलने चाहिए।

❑

13
वर्गमूल

पूर्ण वर्ग का वर्गमूल

गणित सूत्र के द्वारा दो तकनीक से वर्गमूल ज्ञात किया जा सकता है। यहाँ हम पहले देखेंगे कि पूर्ण वर्ग का वर्गमूल कैसे ज्ञात करते हैं और अगले अध्याय में हम किसी भी संख्या का वर्गमूल ज्ञात करना सीखेंगे।

वर्गमूल ज्ञात करना सामान्यतया समय लेने वाला तथा तनावपूर्ण होता है। गणित सूत्र के साथ यह बच्चों का खेल बन जाएगा। देखते हैं कैसे।

यहाँ हम 1 से 9 तक की संख्याओं के वर्गों की सूची बनाते हैं।

अत:

अंक	वर्ग	अंतिम अंक	अंकों का योग
1	1	1	1
2	4	4	4
3	9	9	9
4	16	6	7
5	25	5	7
6	36	6	9
7	49	9	4
8	64	4	1
9	81	1	9

सूची को देखने पर पता चलता है—

1. 1 का वर्ग 1 ही प्राप्त होता है, अतः अंतिम अंक भी 1 ही होगा, और अंकों का योग भी 1 ही प्राप्त होगा।
2. इसी प्रकार 2 के लिए, इसका वर्ग 4 है और अंतिम अंक तथा अंकों का योग भी 4 प्राप्त होता है।
3. 3 का, वर्ग 9 प्राप्त होता है, और इसका अंतिम अंक तथा अंकों का योग भी 9 प्राप्त होता है।
4. अगले पद में यहाँ थोड़ा बदलाव होता है, यहाँ 4 का वर्ग 16 है, इसका अंतिम अंक 6 है तथा यह दो-अंकों वाली संख्या है। लेकिन इसका अंकों का योग 7 (1+6=7) प्राप्त होता है।
5. सामान्यतया, 5 का वर्ग 25 है। अतः इसका अंतिम अंक 5 तथा अंकों का योग 7 है। 2+5=7
6. 6 का वर्ग 36 है। अतः अंतिम अंक 6 है तथा अंकों का योग 9 (3+6=9) है। यह आसान है न?
7. 7 का वर्ग 49 है। अतः अंतिम अंक 9 है तथा अंकों का योग 4 (4+9=13=1+3=4) है।
8. 8 का वर्ग 64 है, जो हमें अंतिम अंक 4 देता है तथा अंकों का योग 2 (6+4=10=1+0=1) प्राप्त होता है।
9. और अंत में 9 का वर्ग 81 है। अतः हम देख सकते हैं कि अंतिम अंक 1 है, जबकि अंकों का योग 9 है

अब हम सूची में कुछ पैटर्न देखते हैं—

1. वर्ग संख्याओं के अंकों का योग केवल 1, 4, 7 तथा 9 प्राप्त होता है।
2. वर्ग संख्याएँ केवल 1, 4, 5, 6, 9 तथा 0 पर समाप्त होती हैं।

इन बिंदुओं के आधार पर यह जानना आसान है कि दिया गया अंक पूर्ण वर्ग है या नहीं, अतः हम पहले उदाहरण पर चलते हैं।

3249 का वर्गमूल ज्ञात करो।

पद-1 : हम पहले अंकों को जोड़े में लिखते हैं। चूँकि यहाँ 4 अंक हैं, अतः यहाँ दो जोड़े बनते हैं, हम आसानी से कह सकते हैं कि संख्या के उत्तर में भी हमें दो अंक प्राप्त होंगे।

पद-2 : अब हम पहले दो अंकों को देखते हैं—32 तथा देखते हैं कि 32, 25 (5^2) से ज्यादा है तथा 36 या 6^2 से कम है। अतः उत्तर 50 से 60 के मध्य प्राप्त होगा, क्योंकि 50^2, 2500 है तथा 60^2, 3600 है। अतः 3249 का वर्ग, वर्गमूल 50 और 60 के मध्य में प्राप्त होगा।

पद-3 : तीसरे पद में हम 3249 के अंतिम अंक पर ध्यान देते हैं, जो 9 है। कोई भी संख्या जो 3 पर समाप्त होती है, उसका वर्ग 9 पर समाप्त होता है। अतः 3249 का वर्गमूल 53 हो सकता है, परंतु यह 57 भी हो सकता है क्योंकि 7 के वर्ग का अंतिम अंक भी 9 होता है। अतः हमारा उत्तर क्या होगा—53 या 57 ?

थोड़ी देर के लिए सोचते हैं।

पद-4 : यहाँ हम अंकों का योग करते हैं, जिससे हम उत्तर ज्ञात करना जान जाएँगे।

अतः यदि $53^2=3249$, तो इसे अंकों के योग में बदलने पर हमें $(5+3)^2=8^2=64=6+4=10=1+0=1$ प्राप्त होगा।

3249 के अंकों का योग 3+2+4+9=18=1+8=9 प्राप्त होता है।

अतः यह 53 नहीं हो सकता है, क्योंकि अंकों का योग 3249 के समान नहीं है।

अतः हमारा उत्तर 57 हो सकता है।

अब हम जाँच करेंगे $(5+7)^2=12^2=144=1+4+4=9$

अतः 3249 के अंकों का योग भी 9 होना चाहिए और जब हम जाँचते हैं तो 3+2+4+9=9 प्राप्त होता है।

अतः, हमारा अभीष्ट उत्तर 57 है।

अन्य उदाहरण लेते हैं और उसे हल करते हैं।

हम 2401 का वर्गमूल ज्ञात करते हैं।

पद-1 : पूर्व की तरह यहाँ भी हम दो जोड़े बनाते हैं। चूँकि यहाँ दो

जोड़े हैं, हम कह सकते हैं कि संख्या का वर्गमूल भी दो अंकों में प्राप्त होगा।

पद-2 : अब हम पहले दो अंकों को देखते हैं—24, हम देखते हैं कि 24, 16(4^2) से ज्यादा तथा 25(5^2) से छोटा है, अतः हमारा उत्तर 40 से 50 के मध्य होगा।

पद-3 : अब हम 2401 के अंतिम अंक को देखते हैं, जो 1 है।

अतः अंक या तो 41 या 49 होगा, चूँकि दोनों अंकों के वर्ग का अंतिम अंक 1 प्राप्त होता है, क्योंकि 41^2 का अंतिम अंक 1×1=1 होगा तथा 49^2 का अंतिम अंक 9×9 =1 होता है। मैं आशा करता हूँ कि आपको स्पष्ट हो गया होगा।

पद-4 : अपने अंतिम पद में हम उत्तर ज्ञात करने के लिए अंकों का योग करते हैं जिससे हमें $(4+1)^2=(5)^2=25=2+5=7$ प्राप्त होता है और $49^2=(4+9)^2=13^2=169=1+6+9=16=1+6=7$ अंकों का योग प्राप्त करते हैं। अतः हम देखते है कि 41^2 तथा 49^2 दोनों के अंकों का योग 7 है। अब हम उत्तर ज्ञात करते हैं।

45 का वर्ग 2025 है।

चूँकि 49, 45 से बड़ा है, हमारा उत्तर 49^2 होगा, क्योंकि 2401, 2025 से बड़ा है। अतः हमारा उत्तर 41 नहीं होगा। यह 49 होगा।

यह वर्गमूल ज्ञात करने की विधि अत्यंत सरल है और दिमाग से इसे किया जा सकता है।

अन्य उदाहरण को लेकर हम इसे दिमाग से हल करते हैं।

हम 9604 का वर्गमूल ज्ञात करते हैं।

पद-1 : हमेशा की तरह हम संख्या को जोड़े में रखते हैं। यहाँ दो जोड़े हैं, जिसका मतलब है कि उत्तर में भी दो अंक प्राप्त होंगे।

पद-2 : हम पहला जोड़ा लेते हैं। 96 का पूर्ण वर्ग 81(9^2) से बड़ा तथा 100 (10^2) से छोटा प्राप्त होगा।

अतः याद रहे, हमारा उत्तर 90 तथा 100 के मध्य प्राप्त होगा।

पद-3 : अंतिम पद में हम 9604 लेते हैं और यहाँ अंतिम अंक 4 है। अतः वर्गमूल या तो 92 या 98 होगा, क्योंकि 92 तथा 98 के वर्ग का अंतिम अंक 4 प्राप्त होता है।

अब हम 92^2 के अंकों का योग $(9+2)^2=(11)^2=121=1+2+1=4$ प्राप्त करते हैं।

इसके बाद हम $98^2=(9+8)^2=(17)^2=(1+7)^2=8^2=64=6+4=10=1+0=1$ प्राप्त करते हैं।

हमारा वर्गमूल 98 होगा, क्योंकि 9604 के अंकों का योग $9+6+0+4=19=1+9=10=1+0=1$ प्राप्त होता है, जो 98^2 के अंकों के योग के समान है। यह आसान है।

अब हम थोड़ा बड़ा प्रश्न लेते हैं। हम 24964 का वर्गमूल ज्ञात करते हैं।

पद–1 : हम पहले अंकों को जोड़े में लिखते हैं। जोड़े 02, 49 तथा 64 हैं। याद रहे, यहाँ तीन जोड़े प्राप्त होते हैं, अतः हम अपने उत्तर में भी तीन अंक प्राप्त करेंगे।

पद–2 : चूँकि 249, $15^2=225$ तथा $16^2=256$ के मध्य प्राप्त होता है, अतः पहला अंक 15 होगा।

पद–3 : अंतिम पद में हम संख्या का अंतिम अंक लेते हैं, जो कि 4 है। अतः हमारा उत्तर या तो 152 या 158 प्राप्त होगा, परंतु एक अच्छे इनसान के रूप में मैं कहता हूँ कि गणित तथा जिंदगी में आपको दोबारा जाँच जरूर करनी चाहिए। अतः हम अंकों का योग ज्ञात करते हैं।

अतः 152^2 के अंकों का योग $(1+5+2)^2=8^2=64=6+4=10=1+0=1$ प्राप्त होता है।

और 158^2 के अंकों का योग $(1+5+8)^2=14^2=(1+4)^2=5^2=25=2+5=7$ प्राप्त करते हैं।

24964 के अंकों का योग $2+4+9+6+4=25=2+5=7$ प्राप्त होता है।

अतः हमारा अभीष्ट उत्तर 158 है।

अब हम अंतिम उदाहरण लेते हैं।

हम 32761 का वर्गमूल ज्ञात करते हैं।

पद–1 : हम अंकों को जोड़े में लिखते हैं। यहाँ हम देखते हैं कि तीन जोड़े प्राप्त होते हैं। अतः हमें उत्तर में भी तीन अंक प्राप्त होंगे।

पद–2 : चूँकि 327, $18^2=342$ तथा $19^2=361$ के मध्य प्राप्त होता है,

अत: पहले दो अंक 18 होंगे।

पद-3 : अंतिम पद में संख्या का अंतिम अंक 1 है, अत: उत्तर 181 या 189 प्राप्त होगा। चूँकि 181^2 तथा 189^2 के अंकों का अंतिम अंक 1 प्राप्त होता है। हम अंकों का योग कर सही उत्तर ज्ञात करते हैं।

उत्तर 181 है, क्योंकि $181^2=(1+8+1)^2=(10)^2=100=1+0+0=1$ तथा $189^2=(1+8+9)^2=(18)^2=(9)^2=81=8+1=9$ प्राप्त होता है।

32761 का वर्गमूल 181 है, क्योंकि इसके अंकों का योग 1 है।

अपूर्ण वर्ग का वर्गमूल

इस अध्याय में हम देखते हैं कि किसी भी संख्या का वर्गमूल कैसे ज्ञात करते हैं। यह महत्त्वपूर्ण अध्याय है तथा आपको पूर्ण ध्यान देना है पर इसके लिए दोहरेपन के सिद्धांत का ज्ञान होना आवश्यक है। हम पहले ही दोहरेपन को वर्ग अध्याय में समझ चुके हैं। अत: यहाँ पुनरावृत्ति की आवश्यकता है।

हम 3249 का वर्गमूल ज्ञात करते हैं।

पद-1 : हम पहले दाएँ से बाएँ जोड़े बनाते हैं अत: दाएँ से पहला जोड़ा 49 तथा दूसरा जोड़ा 32 प्राप्त होता है। चूँकि यहाँ दो जोड़े हैं, वर्गमूल अवश्य ही दो अंक का होगा।

$$\begin{array}{c|c} & \overline{3}\,2\,\overline{4}\,9 \\ \hline & \end{array}$$

पद-2 : हम पहला जोड़ा 32 लेते हैं। तब हम 32 से ज्यादा तथा कम पूर्ण वर्ग ज्ञात करते हैं। यह 25 है तथा 25 का वर्गमूल 5 है। अत: हम 5 को नीचे पहले वर्गमूल अंक के रूप में लिखते हैं।

तब हम 5 को दुगुना 10 करते हैं। यह 10 हमारा भाजक है। हमारा प्रश्न निम्न प्रकार है—

$$\begin{array}{c|c} 10 & \overline{3}\,2\,\overline{4}\,9 \\ \hline & 5 \end{array}$$

पद-3 : हम 5^2 (25) को 32 में से घटाते हैं। यहाँ हमें शेषफल 7 प्राप्त होता है। हम 4 उपसर्ग लगाकर इसे 74 बनाते हैं।

$$\begin{array}{r|l} 10 & \overline{3\,2}\;{}_{7}\overline{4\,9} \\ \hline & 5 \end{array}$$

पद–4 : हम 74 को 10 से विभाजित करते हैं। यह हमें 7 तथा शेषफल 4 देता है। यह शेषफल 4 उपसर्ग के रूप में 9 के प्रति हमें 49 देता है।

$$\begin{array}{r|l} 10 & \overline{3\,2}\;{}_{7}\overline{4\;{}_{4}4} \\ \hline & 57 \end{array}$$

पद–5 : 49 में से हम 7 के दोहरेपन को घटाते हैं, जो कि 49 है। 49–49=0। और 0 ऊपर 10 हमें 0 देता है। अतः हमारा वर्गमूल 57 प्राप्त होता है।

$$\begin{array}{r|l} 10 & \overline{3\,2}\;{}_{7}\overline{4\;{}_{4}9} \\ \hline & 57 \end{array}$$

वास्तव में यहाँ हमें दो पद ध्यान में रखने की आवश्यकता है।

हम पहले अंक को दुगुने से विभाजित करते हैं तथा हम दोहरेपन से घटाते हैं। बस! यह सरल एवं आसान है।

हम 529 का वर्गमूल ज्ञात करते हैं।

पद–1 : हम दाएँ से बाएँ 529 के जोड़े बनाते हैं। यहाँ दो जोड़े प्राप्त होते हैं। पहला जोड़ा 29 है तथा दूसरे जोड़े में हमें एक अंक 5 प्राप्त होता है। चूँकि यहाँ दो जोड़े हैं, वर्गमूल में दशमलव से पूर्व दो अंक प्राप्त होंगे। हम प्रश्न का निरूपण करते हैं—

$$\begin{array}{r|l} & \overline{5}\,\overline{2\,9} \\ \hline & \end{array}$$

पद–2 : तब हम पहला जोड़ा 5 लेते हैं और पूर्ण वर्ग, जो इससे बड़ा तथा बराबर हो, ज्ञात करते हैं। पूर्ण वर्ग 4 है। हम 4 का वर्गमूल लेते हैं, जो 2 है तथा इसे पहले उत्तर अंक के रूप में नीचे लिखते हैं। हम 2 को दुगुना कर 4 बनाते हैं। यह 4 भाजक है।

$$\begin{array}{r|l} 4 & \overline{5}\,\overline{2\,9} \\ \hline & 2 \end{array}$$

पद–3 : अब हम 2 को दुगुना करते हैं, यह 4 प्राप्त होता है। हम 4 को 5 में से घटाते हैं। यह हमें 1 देता है। 1 को 2 के उपसर्ग में प्रयोग कर 12 प्राप्त करते हैं।

$$\begin{array}{c|l} 4 & \overline{5}\,{}_{1}\overline{2\,9} \\ \hline & 2 \end{array}$$

पद–4 : अब हम 12 को 4 से विभाजित करते हैं। यह हमें 3 देता है। हमारे उत्तर का अगला अंक 1 और शेषफल 0। हम 0 को 9 का उपसर्ग लगाकर 09 बनाते हैं।

$$\begin{array}{c|l} 4 & \overline{5}\,{}_{1}\overline{2\,{}_{0}9} \\ \hline & 23 \end{array}$$

पद–5 : हम 09 में से 3 घटाते हैं। 3 का दोहरापन 9 है। 09–09=0, अत: 0 को 4 से विभाजित करने पर 0 प्राप्त होता है। हम दो अंक पश्चात् दशमलव बिंदु के आगे शून्य लिखते हैं। अत: हमारा उत्तर 23.0 है।

$$\begin{array}{c|l} 4 & \overline{5}\,{}_{1}\overline{2\,{}_{0}9} \\ \hline & 23.0 \end{array}$$

हम अन्य उदाहरण लेते हैं। हम 4624 को ज्ञात करते हैं कि यह पूर्ण वर्ग है या नहीं।

पद–1 : हम 4624 को दाएँ से बाएँ जोड़े में बाँटते हैं। यहाँ दो जोड़े हैं। अत: हमें दो अंकों वाला वर्गमूल प्राप्त होगा।

$$\begin{array}{c|l} & \overline{4\,6}\,\overline{2\,4} \\ \hline & \end{array}$$

पद–2 : हम 46 लेते हैं तथा इससे कम या बराबर मान वाले पूर्ण वर्ग लेते हैं, जो 36 है। 36 का वर्गमूल 6 है। यह हमारे उत्तर का प्रथम अंक है। हम 6 को दुगुना करके इसे 12 बनाते हैं। 12 हमारा भाजक है। हमारा प्रश्न निम्न प्रकार है—

$$\begin{array}{c|l} 12 & \overline{4\,6}\,\overline{2\,4} \\ \hline & 6 \end{array}$$

पद–3 : हम 46 को 6 के वर्ग में से घटाते हैं। 46–36=10। हम 10 को 2 के उपसर्ग के रूप में लगाते हैं। हमारा प्रश्न निम्न प्रकार है—

$$\begin{array}{c|l} 12 & \overline{4\,6}\,{}_{10}\overline{2\,4} \\ \hline & \;6 \end{array}$$

पद–4 : घटाव के बाद हम 102 को 12 से विभाजित करते हैं, जो हमें भागफल 8 तथा शेषफल 6 देता है। हम 8 को नीचे लिखकर 6 को 4 के पूर्व लिखकर 64 बनाते हैं।

$$\begin{array}{c|l} 12 & \overline{4\,6}\,{}_{10}\overline{2\,{}_{6}4} \\ \hline & 68 \end{array}$$

पद–5 : भाग के बाद हम 64 को 8 के दोहरेपन से घटाते हैं। 8 का दोहरापन 64 है। अत: 64–64=0 प्राप्त करते हैं। 0 को 12 से विभाजित करने पर 0 प्राप्त करते हैं। अत: हमारा उत्तर 68.0 है।

$$\begin{array}{c|l} 12 & \overline{4\,6}\,{}_{10}\overline{2\,{}_{6}4} \\ \hline & 68.0 \end{array}$$

अन्य उदाहरण लेते हैं। हम 2209 का वर्गमूल ज्ञात करते हैं।

पद–1 : हम 2209 को दाएँ से बाएँ दो जोड़े में विभाजित करते हैं। यहाँ दो जोड़े हैं। हमें दो अंकों वाला वर्गमूल प्राप्त होगा।

$$\begin{array}{c|l} & \overline{2\,2}\,\overline{0\,9} \\ \hline & \end{array}$$

पद–2 : हम पहले 22 से कम या बरमाबर मान वाले पूर्ण वर्ग ज्ञात करते हैं। यह 16 है। 16 का वर्गमूल 4 है। यह हमारे उत्तर का पहला अंक है।

हम 4 को दुगुना कर 8 बनाते हैं। 8 हमारा भाजक है। हमारा प्रश्न निम्न प्रकार है—

$$\begin{array}{c|l} 8 & \overline{2\,2}\,\overline{0\,9} \\ \hline & 4 \end{array}$$

पद–3 : 22 में से हम 4 के वर्ग को घटाते हैं, जो 16 है। 22–16=6

है। हम 6 को 0 के पूर्व उपसर्ग लगाते हैं, जिससे यह 60 बनता है।

$$\begin{array}{c|l} 8 & \overline{2\,2}_{6}\overline{0\,9} \\ \hline & 4 \end{array}$$

पद-4 : अब हम 60 को 8 से विभाजित करते हैं। यह हमें उत्तर का अगला अंक 7 तथा शेषफल 4 देता है। 4 को 9 उपसर्ग लगाकर 49 बनाते हैं।

$$\begin{array}{c|l} 8 & \overline{2\,2}_{6}\overline{0_{4}9} \\ \hline & 47 \end{array}$$

पद-5 : अब हम 7 के दोहरेपन को 49 से घटाते हैं। 7 का दोहरापन 49 है। 49−49=0। 0 को 8 से विभाजित करते हैं, जो 0 है। अतः हमारा अभीष्ट उत्तर 47.0 है।

$$\begin{array}{c|l} 8 & \overline{2\,2}_{6}\overline{0_{4}9} \\ \hline & 47.0 \end{array}$$

अन्य उदाहरण $\sqrt{2656}$ लेते हैं।

पद-1 : हम पहले 2656 को जोड़े में बाँटते हैं। यहाँ दो जोड़े हैं। इसका मतलब है कि हमें दो अंकों वाला वर्गमूल प्राप्त होगा।

$$\begin{array}{c|l} & \overline{2\,6}\,\overline{5\,6} \\ \hline & \end{array}$$

पद-2 : हम पहला जोड़ा लेते हैं और उससे कम या बराबर मान वाले पूर्ण वर्ग ज्ञात करते हैं। यह 25 है। 25 का वर्गमूल 5 है। अतः 5 उत्तर का पहला अंक है।

यह 5 का दुगुना, जो 10 बनता है, हमारा भाजक है। हमारा प्रश्न निम्न प्रकार है—

$$\begin{array}{c|l} 10 & \overline{2\,6}\,\overline{5\,6} \\ \hline & 5 \end{array}$$

पद-3 : हम 26 में से 5 के वर्ग को घटाते हैं। 26−25=1। हम 1 को

5 उपसर्ग लगाकर 15 प्राप्त करते हैं।

$$\begin{array}{c|l} 10 & 2\overline{6}\;{}_{1}\overline{5\,6} \\ \hline & 5 \end{array}$$

पद–4 : हम 15 को 10 से विभाजित करते हैं। यह हमें उत्तर का अगला अंक 1 तथा शेषफल 5 देता है। 5, 6 का उपसर्ग है। जो इसे 56 बनाता है। हमारा प्रश्न निम्न प्रकार है—

$$\begin{array}{c|l} 10 & 2\overline{6}\;{}_{1}\overline{5\;{}_{5}6} \\ \hline & 51 \end{array}$$

पद–5 : अब हम 56 में से 1 का दोहरापन घटाते हैं जो कि 1 है। हम 56 – 1 = 55 प्राप्त करते हैं। 55 को 10 से विभाजित करने पर वह हमें 5 शेषफल तथा भागफल देता है। हमारा उत्तर 51.5 है।

$$\begin{array}{c|l} 10 & 2\overline{6}\;{}_{1}\overline{5\;{}_{5}6} \\ \hline & 51.\ 5 \end{array}$$

गणित में उपलब्धियाँ लें : अपने सुविधा क्षेत्र से बढ़ते हुए

हम ज्यादातर गणित में आसानी से हो जानेवाली चीजें करते हैं। हम अलग नहीं करते तथा अलग प्रश्न नहीं करते है, क्योंकि इससे हमें ज्यादा परिश्रम करना होता है। हम सोच लेते हैं कि हम साधारण हैं और अपने आपको आगे बढ़ाने का प्रयास नहीं करते हैं।

मुझे एक विजेता बॉक्सर की कहानी याद है, जो दिन में अठारह घंटे अभ्यास करता था। जब कोई उससे पूछता था कि आप तो विजेता हो तो आप इतना अभ्यास क्यों करते हो तो वह कहता था—मेरे प्रतियोगी प्रतिदिन 17 घंटे अभ्यास करते हैं। तब तक हम बराबर हैं, परंतु यह अतिरिक्त घंटा मैं प्रयास करता हूँ, वही मुझे प्रतियोगियों की भीड़ में विजेता बनाता है।

यही बात समान रूप से गणित में विजेताओं के लिए प्रयुक्त होती है। आपको इस विषय में विजेता बनने के लिए कठिन परिश्रम करना होगा।

आपको गणित के भय को दूर करके इसे अपने सुविधा क्षेत्र में लाना है। आपके अतिरिक्त पद या अतिरिक्त घंटे का प्रयास आपको विजेता बनाने में मदद करेंगे।

देखते हैं कि कोई भी गणित में विजेता कैसे बन सकता है—

1. अपने गणित के अध्यापक से अच्छे प्रश्न पूछें तथा पढ़ाए जानेवाले विषय को पूर्णतया समझें।
2. प्राप्त स्रोत तथा पुस्तकों में से सारी समस्याएँ हल करें।
3. पिछले सालों के अभ्यास प्रश्न-पत्र हल करें।
4. ध्यानपूर्वक तथा उत्साह से कक्षा में पढ़ाए जानेवाले विषय के सिद्धांतों को समझें।
5. अन्य विद्यार्थियों की मदद करें, जो गणित की समस्याओं से परेशान हैं।
6. प्रश्न-पत्र को जमा करने से पूर्व उसको जरूर जाँचें।
7. इंटरनेट पर गणित के विषय को खोजें तथा अच्छी चर्चाओं में भाग लें।

❑

14

घनमूल

1977 में, साउदर्न मेथडिस्ट विश्वविद्यालय की शंकुतला देवी को 201-अंकों वाली संख्या का 23वाँ मूल ज्ञात करने को दिया गया। उन्होंने पचास सेकंड में उत्तर दिया। उनका उत्तर-546,372,891 था, जिसकी गणना की जाँच US Bureau के UNIVAC 1101 कंप्यूटर द्वारा की गई थी, जो कि विशेष कार्यों की बड़ी गणना करने में उपयोग किया जाता था।

श्रीमती शकुंतला देवी
(1929–2013)

शकुंतला देवी भारत की अनमोल रत्न थीं तथा 'मानव कंप्यूटर' के नाम से प्रसिद्ध थीं। अपने शैक्षिक काल में वे अपने गणितीय करतबों से सभी को चौका देती थीं, जिनमें से एक छह अंकों की संख्या का घनमूल कुछ सेकंड में ज्ञात करना था। यहाँ हम उनके छह अंकों का घनमूल ज्ञात कर चौंका देनेवाले रहस्य को ज्ञात करेंगे। इस तकनीक का विस्तार कर हम 23वाँ मूल ज्ञात करने का रहस्य जान सकते हैं।

निम्न सूची 1 से 9 तक की संख्याओं का घन दर्शाती है—

अंक	घन
1	1
2	8
3	27
4	64
5	125
6	216
7	343
8	512
9	729

हम इस सूची में कुछ पैटर्न देखते हैं।

यदि घन 1 पर समाप्त होता है, तो घनमूल भी समान अंक 1 पर ही समाप्त होगा।

सामान्यतया यदि घन 4, 5, 6 तथा 9 पर समाप्त होता है तो इसका घनमूल भी हमेशा 4, 5, 6 तथा 9 पर समाप्त होगा।

देखते हैं—

अंक		घन
1	←	1
2		8
3		27
4	←	64
5	←	125
6	←	216
7		343
8		512
9	←	729

अब हम देखते हैं कि यदि घन 8 पर समाप्त होता है तो घनमूल 2 पर समाप्त होता है। यदि घनमूल 2 पर समाप्त होता है तो घन 8 पर समाप्त होता है।

अंक		घन
1		1
2	←	8
3		27
4		64
5		125
6		216
7		343
8	←	512
9		729

यदि घन 7 पर समाप्त होता है तो घनमूल 3 पर समाप्त होता है और यदि घनमूल 3 पर समाप्त होता है, तो घन 7 पर समाप्त होता है।

अंक	घन
1	1
2	8
3 ←	27
4	64
5	125
6	216
7 ←	343
8	512
9	729

विधि : माना हमें पूर्ण घन 3375 का घनमूल ज्ञात करना है।

पद-1 : हम पूर्ण घन को तीन समूह में बाँटते हैं, क्योंकि यह घन है, दाएँ से बाएँ प्रारंभ करके। यहाँ 3375 में पहला समूह 375 तथा द्वितीय समूह में केवल 3 है।

चूँकि यहाँ दो समूह प्राप्त होते हैं, हमारे घनमूल या उत्तर में भी केवल दो अंक प्राप्त होंगे।

$$\overline{3}\,\overline{375}$$

पद-2 : घन के अंतिम अंक से हम घनमूल का अंतिम अंक ज्ञात करते हैं।

यहाँ अंतिम अंक 5 है, अतः घनमूल का अंतिम अंक भी 5 होगा। यह बहुत आसान है।

पद-3 : घनमूल का पहला अंक प्राप्त करने के लिए हम 3 से छोटा या बराबर मान वाला पूर्ण घन ज्ञात करते हैं।

यह पूर्ण घन 3 से छोटा या बराबर होगा। 1 का घनमूल 1 ही होगा।

अतः हमारा उत्तर 3375 का घनमूल 15 है।

$$\overline{3}\,\overline{375} = 15^3$$

अन्य उदाहरण लेते हैं। हम पूर्ण घन 328509 का घनमूल ज्ञात करते हैं।

पद–1 : हम दाएँ से बाएँ संख्या को तीन समूह में बाँटते हैं। चूँकि यहाँ केवल दो समूह हैं, तो घनमूल में भी दो अंक प्राप्त होंगे।

$$\overline{328}\,\overline{509}$$

पद–2 : दिए गए घन के अंतिम अंक से हम घनमूल के अंतिम अंक को ज्ञात करते हैं। यह बहुत आसान है।

पद–3 : घनमूल के पहले अंक को ज्ञात करने के लिए हम 328 से कम या बराबर घन ज्ञात करते हैं।

328 से कम या बराबर पूर्ण घन 216 है। 216 का घनमूल 6 है और यह हमारे घनमूल का पहला अंक है। अतः हमारा घनमूल 69 है।

$$\overline{328}\,\overline{509} = 69^3$$

हमें अवश्य ही याद रखना चाहिए कि घनमूल को ज्ञात करते हुए प्राप्त संख्या पूर्ण घन होनी चाहिए। अब आपको अवश्य ही यह जानकर आश्चर्य होगा कि हम किसी ऐसी संख्या, जो पूर्ण धन है या नहीं, उसका घनमूल कैसे ज्ञात कर सकते हैं।

वैसे, हल अंकों के योग में है। सभी अंकों का योग पूर्व पैटर्न से ज्ञात करते हैं तथा यहाँ विशेष पैटर्न प्राप्त होता है।

अंक	घन	अंकों का योग
1	1	1
2	8	8
3	27	9
4	64	1
5	125	8
6	216	9
7	343	1
8	512	8
9	729	9

घन 1 का योग 1 तथा 8 का 8 है, आदि, जो कि एक-अंकीय संख्या है।

27 के अंकों का योग 2+7 =9 है।

सामान्यतया 64 के अंकों का योग 6+4=10=1+0=1 है।

125 के अंकों का योग 1+2+5=8 तथा 216 के अंकों का योग 2+1+6=9 है।

यहाँ हम 1-8-9 का पैटर्न देखते हैं।

अत: घन के अंकों की संख्या का योग 8 या 9 होता है। अत: किसी भी संख्या के पूर्ण घन का योग 1, 8 या 9 होगा।

अत: आप कैसे ज्ञात कर सकते हैं कि संख्या पूर्ण घन है या नहीं।

परंतु यह याद रहे कि जिन संख्याओं के अंकों का योग 1, 8 या 9 हो तो यह जरूरी नहीं है कि वह संख्या घन हो या वह घन है तो पूर्ण हो।

अन्य उदाहरण 175616 लेते हैं और इसका घनमूल ज्ञात करते हैं।

पद-1 : हम संख्या को दाएँ से बाएँ समूह में बाँटते हैं। चूँकि यहाँ दो ही समूह हैं, घनमूल में दो ही अंक प्राप्त होंगे।

$$\overline{175}\,\overline{616}$$

पद-2 : दी गई संख्या का अंतिम अंक घनमूल की संख्या का अंतिम अंक होता है, जो 6 है।

पद-3 : घनमूल की प्रथम संख्या ज्ञात करने के लिए हम पहला समूह लेते हैं, जो 175 है। हम 175 से कम या बराबर पूर्ण घन ज्ञात करते हैं। यह 125 है। तब हम 125 का घनमूल 5 ज्ञात करते हैं। यह घनमूल का पहला अंक है।

अत: हमारा घनमूल 56 है।

कुछ बातें आपको अवश्य ही याद रखनी चाहिए—

1. यह तकनीक केवल पूर्ण घन पर लागू होती है।
2. किसी बड़ी संख्या का घनमूल ज्ञात करने के लिए यह तकनीक बहुत विस्तृत है, अत: हम इस छह-अंकीय संख्या या इससे कम संख्या तक ही घनमूल ज्ञात करते हैं।

अत: हम पूर्ण घन का अन्य उदाहरण 373248 लेते हैं।

पद–1 : हम संख्या को तीन के समूह में दाएँ से बाएँ विभाजित करते है। चूँकि यहाँ दो समूह ही प्राप्त होते हैं, तो घनमूल में भी दो अंक प्राप्त होंगे।

$$\overline{373}\,\overline{248}$$

पद–2 : संख्या के अंतिम अंक का घनमूल हमें घनमूल का अंतिम अंक देता है, जो 2 है।

पद–3 : अब घनमूल का पहला अंक ज्ञात करते हैं। हम पहला समूह लेते हैं जो 343 है। हम 343 का इससे कम या बराबर पूर्ण घन 343 ही प्राप्त करते हैं।

343 का घनमूल 7 है, जो हमारा पहला अंक है। अत: 373248 का घनमूल 72 है।

$$\overline{373}\,\overline{248} = 72^3$$

आरामदायक एवं एकाग्रता व्यायाम

आप गणित परीक्षा के बिल्कुल पहले कैसा महसूस करते हैं, तनावपूर्ण, घबराहट, आपको बीमार जैसा भी महसूस होता है ?

मैं जानता हूँ, मैं मानता हूँ, मुझे भी बीमार जैसा लगता था, खासकर गणित की परीक्षा से पूर्व।

मैं यहाँ अन्य बहुत महत्त्वपूर्ण रहस्य बताने जा रहा हूँ। यदि आप परीक्षा से पहले तनावपूर्ण रहते हैं, तो यह सीधे आपके परिणाम पर दुष्प्रभाव डालता है। आपकी घबराहट के कारण आप गणित के सूत्र भूलने लगते हैं और यह आपको परीक्षा में खराब नंबर दिलाता है।

आज हम देखेंगे कि परीक्षा से पूर्व कैसे तनाव को दूर रखें और गणित की परीक्षा में कैसे सफलता प्राप्त करें। मैं आपको साँसों का व्यायाम बताने जा रहा हूँ, जो आपके तनाव को कम करने में सहायक होगा। यह व्यायाम अनुलोम–विलोम या नाक से अन्य प्रकार से साँस लेना कहलाता है।

यह अनुलोम–विलोम व्यायाम आपके दोनों तरफ के दिमाग के लिए

उपयोगी है, बायाँ दिमाग, जो तर्क, सोचने के लिए सहायक है तथा दायाँ दिमाग, जो रचनात्मकता, सोचने और अच्छे से कार्य करने के लिए सहायक है। यह आपके सोचने, रचनात्मकता तथा तर्कशक्ति में संतुलन बनाता है। योगी इस विभाग को शांत करने तथा श्वास तंत्र के लिए सर्वोत्तम तकनीक मानते हैं।

अत: श्वास तकनीक का अभ्यास करते हैं—

बाईं नाक से श्वास अंदर लें, अँगूठे से दाईं नाक को बंद करें। चार गिनने तक।

अपनी साँस रोकें, दोनों नथुने बंद करें, दस तक गिनती करें।

दाईं नाक से साँस निकालें, बाईं नाक को बड़ी और छोटी अँगुली से बंद करें, आठ गिनने तक।

दाईं नाक से श्वास लें, बाईं नाक को बड़ी तथा छोटी अँगुली से बंद करें, चार गिनने तक।

अपनी श्वास रोकें, दोनों नथुने बंद करें, दस गिनने तक।

बाईं नाक से श्वास निकालें, अँगूठे से दाईं नाक बंद रखें, आठ गिनने तक।

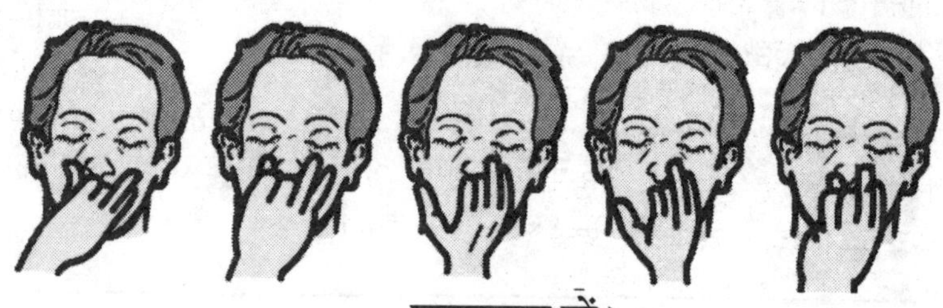

तनावमुक्त रहें।

यह योग तकनीक बहुत प्रबल तथा तनावमुक्त रखने में सहायक है। यह आपकी एकाग्रता भी बढ़ाती है। इसे अपनी परीक्षा से पूर्व करें।

मैं भी आपको एकाग्रता बढ़ाने और चिंता तथा तनाव को कम करने की तीन तकनीक बताने जा रहा हूँ।

1. **संगीत सुनना**—आप भी अच्छा महसूस करेंगे। जो गणित परीक्षा में आपके विश्वास और अंक को बढ़ाता है।
2. **मित्र को बुलाएँ**—आप अपने मित्र या चचेरे/ममेरे भाई/बहन को कुछ समय के लिए बुलाकर उनसे बातें करें। यह आपके तनाव को दूर करेगा।
3. **चुटकुले सुनें**—तनाव को दूर करने के लिए हँसना बहुत अच्छी तकनीक है। अच्छी हँसी की शक्ति को कोई हरा नहीं सकता है।

❑

15

चतुर्थ तथा उच्च घातों का विस्तार

इस अध्याय में हमें किसी भी संख्या की चतुर्थ घात का विस्तार करना चाहिए।

संख्या का चतुर्थ घात में विस्तार

चतुर्थ घात करने की विधि बहुतायत घन की तकनीक से मिलती है। अतः हम $(a+b)$ की चतुर्थ घात ज्ञात करते हैं—

$(a+b)^4 = a^4+4a^3b + 6a^2b^2+4ab^3+b^4$

$(a+b)^4= a^4+a^3b+a^2b^2+ab^3+b^4$

$$\frac{3a^3b+5a^2b^2+3ab^3}{a^4+4a^3b+6a^2b^2+4ab^3+b^4}$$

इस सूत्र में a को दहाई स्थान पर तथा b को इकाई स्थान पर रखते हैं। यहाँ हम a^4 तथा a^3b के मध्य अनुपात ज्ञात करते हैं। a^3b को a^4 से विभाजित करने पर हमें अनुपात $\frac{b}{a}$ प्राप्त होता है। सामान्यतः a^2b^2 को a^3b से विभाजित करने पर हमें पुनः $\frac{b}{a}$ प्राप्त होता है। समान रूप से ab^3 तथा b^4 लेते हैं। हमें समान अनुपात $\frac{b}{a}$ प्राप्त होता है।

अब दूसरी पंक्ति पर आते हैं। यहाँ a^3b तथा ab^3 को तिगुना कर $3a^3b$ तथा $3ab^3$ प्राप्त करते हैं।

a^2b^2 को पाँच बार गुणा कर $5a^2b^2$ प्राप्त करते हैं।

अब हम यह सिद्धांत समझ चुके हैं, अब कुछ उदाहरण प्रस्तुत करते हैं।

अब हम 12^4 ज्ञात करते हैं। यहाँ a=1 तथा b=2 है। अत: $\frac{b}{a}=\frac{2}{1}=2$ है।

पद-1 : हम a की घात 4 ज्ञात करते हैं, जिसका मतलब $1^4 = 1$ है। यह 1 पहला अंक है। इसे नीचे निम्न प्रकार लिखते हैं—

1

पद-2 : अन्य अंकों को हम 2 से गुणा कर $\frac{b}{a}=\frac{2}{1}=2$ प्राप्त करते हैं। अत: हमारी पहली पंक्ति निम्नानुसार है—

1 2 4 8 16

पद-3 : अब हम अगले पद में दूसरी पंक्ति ज्ञात करते हैं।

2 को 3 से गुणा कर 6 प्राप्त करते हैं।

4 को 5 से गुणा कर 20 प्राप्त करते हैं

और 8 को 3 से गुणा कर 24 प्राप्त करते हैं।

हमारा प्रश्न निम्न प्रकार है—

1 2 4 8 16

6 20 24

पद-4 : अंतिम पद में हम दाएँ से बाएँ योग प्रारंभ करते हैं। याद रहे, प्रत्येक स्तंभ केवल एक अंक देता है।

1. 16 से हम इकाई स्थान पर 6 लिखकर 1 हासिल लगाते हैं।
2. दहाई स्थान पर हम 8+24+1 (हासिल)=33 प्राप्त करते हैं। हम 3 को नीचे लिखकर 3 हासिल लगाते हैं।
3. सैकड़ा स्थान पर हम 4+20+3=27 प्राप्त करते हैं। हम 7 को नीचे लिखकर 2 हासिल लगाते हैं।
4. हजारहवें स्थान पर हम 2+6+2 (हासिल)=10 प्राप्त करते हैं। हम 0 को नीचे लिखकर 1 हासिल लगाते हैं।
5. अंतिम पद में हम 1+1=2 प्राप्त करते हैं।
6. अत: हमारा अभीष्ट उत्तर 20736 है।

हमारा प्रश्न निम्न प्रकार है—

```
1  2  4  8  16
   6  20 24
-------------
2  0  7  3  6
```

हम यह सीख चुके हैं, अब यह नियम हम 13^4 पर प्रयुक्त करते हैं।

यहाँ स्पष्ट है कि $\frac{b}{a}=\frac{3}{1}=3$

पद–1 : हम $a=1$ तथा 1 की घात 4, $1^4 = 1$ प्राप्त करते हैं।

हमारा प्रश्न निम्न प्रकार है—

1

पद–2 : अब हम शेष अंकों को 3 से गुणा करते हैं। हमारा प्रश्न निम्न प्रकार है—

1 3 9 27 81

पद–3 : अब द्वितीय पंक्ति प्राप्त करते हैं, हम 3 को 3 से, 9 को 5 से और 27 को 3 से $(a+b)^4$ के विस्तार के अनुरूप गुणा करते हैं। अतः द्वितीय पंक्ति निम्नानुसार है—

```
1  3  9  27  81
      9  45  81
---------------
```

पद–4 : अब हम दाएँ से बाएँ जोड़ते हैं।

1. हम 81 से 1 को नीचे लिखकर 8 हासिल लगाते हैं।
2. 27 + 81 + 8 (हासिल)=116। 6 को नीचे लिखकर 11 हासिल लगाते हैं।
3. 9 + 45 + 11 = 65। अब हम 5 को नीचे लिखकर 6 हासिल लगाते हैं।
4. 3 + 9 + 6 = 18। हम 8 को नीचे लिखकर 1 हासिल लगाते हैं।
5. 1 + 1 = 2
6. हमारा अभीष्ट उत्तर 28561 है।

1 3 9 27 81

9 45 81

---

2 8 5 6 1

अन्य प्रश्न लेते हैं। हम 32^4 ज्ञात करते हैं। यहाँ $\frac{b}{a} = \frac{2}{3}$ है। अतः अनुपात $\frac{2}{3}$ है।

पद-1 : हम a लेते हैं, जो 3 है तथा इसकी घात 4 ज्ञात करते हैं।

$$a^4 = 3^4 = 81$$

हमारा प्रश्न निम्न प्रकार है—

81

पद-2 : पहली पंक्ति निम्न प्रकार है—

81 54 36 24 16

पद-3 : अब द्वितीय पंक्ति प्राप्त करते हैं, हम 54 को 3 से, 36 को 5 से तथा 24 को 3 से $(a + b)^4$ के विस्तार के अनुरूप गुणा करते हैं। अतः द्वितीय पंक्ति निम्नानुसार है—

81 54 36 24 16

162 180 72

पद-4 : अंतिम पंक्ति में हम दाएँ से बाएँ जोड़ते हैं—

1. दाएँ से बाएँ में हम 6 को नीचे लिखकर 1 हासिल लगाते हैं।
2. 24 + 72 + 1 (हासिल) = 97। हम 7 को नीचे लिखकर 9 हासिल लगाते हैं।
3. 36 + 180 + 9 = 225। हम 5 को नीचे लिखकर 22 हासिल लगाते हैं।
4. 54 + 162 + 22 = 238। हम 8 को नीचे लिखकर 23 हासिल लगाते हैं।
5. अंत में हम 81 + 23 = 104 प्राप्त करते हैं।
6. हमारा उत्तर 1048576 है।

81	54	36	24	16
	162	180	72	
	1 0 4 8 5 7 6			

हम समान सिद्धांत संख्या के पाँच घात तथा छह घात के विस्तार में प्रयुक्त कर सकते हैं। विधि समान है, मेरा विश्वास है आप स्वयं इसे हल करेंगे।

आपके प्रारंभ करने से पूर्व मैं यहाँ $(a+b)^5$ का विस्तार देता हूँ।

$$(a+b)^5 = a^5 + 5a^4b + 10a^3b^2 + 10a^2b^3 + 5ab^4 + b^5$$

अब आप 12^5 ज्ञात करें।

गणित परीक्षा के लिए सात महत्त्वपूर्ण टिप्स

कई विद्यार्थी गणित की परीक्षा से पूर्व रात्रि को चिंता करके व्यतीत करते हैं। नोट्स को दोहराना, सूत्रों को याद करना तथा सारी समस्याओं को पुस्तकों से हल करना, सारा एक ही रात्रि में करते समय मुश्किल से थोड़ा समय आराम के लिए निकलता है।

आज हम गणित परीक्षा के लिए महत्त्वपूर्ण बातों पर चर्चा करेंगे।

1. गणित में पुनरावृत्ति महत्त्वपूर्ण है। आप बहुत अभ्यास के बाद प्रश्न याद कर सकते हैं। अतः अभ्यास करें, परंतु तकनीक से इसे हल न करें—सारे पद याद करें तब हल करें।
2. प्रत्येक विषय में समस्याओं की कठिनाई की अलग स्थिति होती है। निश्चित ही आप पहले सरल प्रश्नों को, फिर कठिन प्रश्नों को हल करते होंगे। यदि आप कहीं अटक जाते हैं तो अपने अध्यापक से मदद लेने में झिझकें नहीं।
3. आवश्यक सूत्रों की एक शीट बना लें, ताश के पत्तों की तरह और तब याद करना आपके लिए आसान होगा।
4. परीक्षा के दौरान पेपर के पीछे याद किए हुए सूत्र लिख लें। यह संभव है कि बाद में आपको सूत्र याद न रहें।
5. समस्याओं को हल करने से पूर्व सभी निर्देशों को ध्यानपूर्वक पढ़ना चाहिए।
6. कृपया अपनी अभ्यास पुस्तिका को सभी समस्याओं के लिए देखें। चाहे आपने गलत उत्तर कर रखे हों, उन्हें मिटाएँ नहीं। उन पर कार्य करें, क्योंकि उन पदों को सही करके ही आप अंक प्राप्त कर सकते हैं।
7. पेपर पूर्ण करने के बाद अपनी उत्तर पुस्तिका को जाँचें। यदि आपके पास समय है, तो अलग पेज पर पुनः समस्याओं को हल करें और देखें कि क्या दूसरी बार भी आपको वही उत्तर प्राप्त हो रहे हैं। लापरवाही से की गई गलतियों को देखें—दशमलव बिंदु की स्थिति की जाँच करें, निर्देश सही से पढ़ें, प्रश्नों की संख्या सही है, यदि आवश्यकता है तो ऋणात्मक चिह्न लगाएँ, आदि।

यदि आप सात टिप्स को याद रखेंगे, तो मेरा विश्वास है कि आपकी प्रत्येक परीक्षा आराम से हो जाएगी। आप केवल अच्छे अंक ही प्राप्त नहीं करेंगे अपितु यह गणित में आपके आत्मविश्वास को भी बढ़ाएगा। इस बात पर मेरा विश्वास करें।

❑

16

बीजगणितीय गणनाएँ

आप दिमाग की नसों में गणित सूत्र—बीजगणित गणनाओं द्वारा आग लगाने को तैयार हैं। हम अपना पहला उदाहरण लेते हैं—

$$(x + 2)(x + 3) + (x - 6)(x + 5)$$

इसे नीचे लिखने की आवश्यकता नहीं है। दिमाग से गणना कैसे करते हैं, हम सीखते हैं। यहाँ हम दिमाग से ही उत्तर ज्ञात कर सकते हैं।

पद–1 : इसे हम वज्र एवं लंबवत् गुणन से हल करते हैं।

पहले, हम $(x + 2)$ और $(x + 3)$ को गुणा करते हैं। हम इस सूत्र को दाएँ से बाएँ अथवा बाएँ से दाएँ प्रयोग में ले सकते हैं।

$(x + 2)$

$(x + 3)$

बाएँ से दाएँ चलते हैं, हम लंबवत् गुणा करते हैं। अत: हमारे पास x बार x है, जो हमें x^2 देता है। अत: यह पहले भाग का पहला पद है।

समान रूप से हम $(x - 6)$ तथा $(x + 5)$ की गुणा करते हैं, हम x's को लंबवत् गुणा करते हैं। अत: हमारे पास x^2 है। दोनों x^2 को जोड़कर हम $2x^2$ प्राप्त करते हैं।

पद–2 : द्वितीय पद पर चलते हैं, हम वज्र गुणा करते हैं।

अत:—

$(x + 2)$

$(x + 3)$

यहाँ हम वज्र गुणा करते हैं और 3 बार x को और x बार 2 को प्राप्त करते हैं। हम योग $3x + 2x = 5x$ प्राप्त करते हैं।

अब हमारे पास

$(x - 6)$

$(x + 5)$

यहाँ हम वज्र गुणा करते हैं और पाँच बार x को और x बार 6 को प्राप्त करते हैं। हम $5x$ तथा $-6x$ का जोड़ $-x$ प्राप्त करते हैं। दोनों उत्तर को संयुक्त रूप में व्यक्त करते हैं।

$5x - x = 4x$

पद-3 : अंतिम पद में हम +6 को 3 से तथा 2 के एक से गुणन द्वारा तथा -30 को (-6 तथा 5 के गुणन द्वारा) प्राप्त करते हैं, जो हमें-24 अपने उत्तर के अगले पद के रूप में देता है।

अतः हमारा उत्तर $(x + 2)(x + 3) + (x - 6)(x + 5) = 2x^2 + 4x - 24$ प्राप्त होता है। क्या यह विश्वसनीय रूप से सरल नहीं है?

अन्य उदाहरण $(2x - 3)(x + 5) + (x - 1)(x + 3)$ लेते हैं।

पद-1 : हम इसे वज्र एवं लंबवत् गुणन विधि से हल करते हैं। अतः पहले हम x से लंबवत् गुणा पद से प्राप्त करते हैं।

$(2x - 3)$

$(x + 5)$

अतः हम $2x$ तथा x को लंबवत् गुणा कर $2x^2$ प्राप्त करते हैं।

समान रूप से हम x के पदों को लंबवत् गुणा करते हैं।

$(x - 1)$

$(x + 3)$

अतः x बार x हमें x^2 देता है।

$2x^2 + x^2 = 3x^2$

पद-2 : अब मध्य पद ज्ञात करने के लिए हम यहाँ वज्र गुणन करते हैं—

$(2x - 3)$

$(x + 5)$

तथा $[(5 \times 2x) - (3 \times x)] = 10x - 3x = 7x$ प्राप्त करते हैं।

समान रूप से हम वज्र गुणा करते हैं।

$(x-1)$
$(x+3)$

तथा $(3 \times x) + (-1 \times x) = 3x - x = 2x$ प्राप्त करते हैं।

संयोजन $7x$ तथा $2x$ हमें $9x$ हमें देता है।

पद-3 : अंत में हम −3 तथा 5 का लंबवत् गुणन −15 प्राप्त करते हैं।

हम −1 तथा 3 का लंबवत् गुणन−3 प्राप्त करते हैं। दोनों को एक साथ संयुक्त रूप में हम $(-15) + (-3) = -18$ प्राप्त करते हैं।

अत: पद 1, 2 तथा 3 के संयोजन के बाद हमारा अभीष्ट उत्तर $3x^2 + 9x - 18$ प्राप्त होता है।

हम एक के बाद एक पद दिमाग से हल कर सकते हैं और उत्तर प्राप्त कर सकते हैं। अब हम कुछ और उदाहरण देखते हैं और इस बार गणना दिमाग से करने की कोशिश करते हैं।

अत: हम $(2x-3)^2 - (3x-2)(x+5)$ ज्ञात करते हैं।

पद-1 : हम वज्र एवं लंबवत् गुणन विधि का प्रयोग करते हैं।

पहले हम x पदों की लंबवत् गुणा करते हैं। अत:—

$(2x-3)$
$(2x-3)$

$2x \times 2x = 4x^2$

तथा

$(3x-2)$

$(x+5)$

यहाँ हम लंबवत् गुणा करके $3x \times x = 3x^2$ प्राप्त करते हैं।

अत: हम दिमाग से $4x^2 - 3x^2 = x^2$ ज्ञात कर सकते हैं।

यह हमारे उत्तर का पहला भाग है।

पद-2 : अब हम वज्र गुणा करते हैं।

अत:, पहले भाग से,

$(2x-3)$
$(2x-3)$

अत: हम पहले गुणन से $-2x \times 3$ तथा $-2x \times 3 = (-6x) + (-6x) = -12x$ प्राप्त करते हैं।

तथा दूसरे गुणन से हम $5 \times (3x) - 2 \times x$ प्राप्त करते हैं।

$(3x - 2)$
$(x + 5)$

अत: $15x - 2x = 13x$

अत: पहले तथा दूसरे भाग के संयोजन से हम $5 \times (3x) - 2 \times x$ प्राप्त करते है।

$(3x - 2)$
$(x + 5)$

अत: $15x - 2x = 13x$

अत: पहले तथा दूसरे भाग के संयोजन से हम $(-12x) + (-13x) = -25x$ प्राप्त करते हैं।

पद-3 : और अंतिम पद में हम स्वतंत्र पदों +9 तथा +10 को जोड़कर +19 प्राप्त करते हैं। अत: हमारा अभीष्ट उत्तर $(2x - 3)^2 - (3x - 2)(x + 5) = x^2 - 25x + 19$ है।

अगले प्रश्न में हम $(5x - 2)^2 - (2x + 1)^2$ लेते हैं।

पद-1 : समान तकनीक के प्रयोग से पहले हम लंबवत् गुणा x के पदों का प्रयोग करते हैं।

$(5x + 2)$
$(5x + 2)$

अत: $5x \times 5x = 25x^2$

तथा हम

$(2x + 1)$
$(2x + 1)$

अत: $2x \times 2x = 4x^2$

अब हम x^2 के पदों को लेते हैं—$25x^2$ (पहले गुणन का पद) - $4x^2$ (दूसरे गुणन का पद) $= 21x^2$

पद-2 : अब अगले पद में हम वज्र गुणा करते हैं। अत:—

$(5x + 2)$

$(5x + 2)$

यहाँ हम $5x \times 2 + 5x \times 2 = 10x + 10x = 20x$ प्राप्त करते हैं। पुन: हम

$(2x + 1)$

$(2x + 1)$

यहाँ हम वज्र गुणा $2x \times 1$ दोनों तरह से दो बार प्राप्त करते हैं।

हम $2x + 2x = 4x$ प्राप्त करते हैं।

अत: $20x - 4x = 16x$ प्राप्त होता है।

पद-3 : अंतिम पद में हम स्वतंत्र अंकों को $2^2 - 1^2 = 4 - 1 = 3$ प्राप्त करते हैं।

अत: तीनों भागों का संयोजन कर—

$(5x + 2)^2 - (2x + 1)^2 = 21x^2 + 16x + 3$

अब अगला उदाहरण लेते हैं।

$(2x + 3y + 4)\ (x - 3y + 5)$

इस प्रकार के प्रश्नों को वज्र एवं लंबवत् गुणन तकनीक के साथ आसानी से हल किया जा सकता है। हम किसकी प्रतीक्षा कर रहे हैं? जल्दी से इस विधि को देखते हैं।

3 अंकों का लंबवत् एवं वज्र गुणन पैटर्न

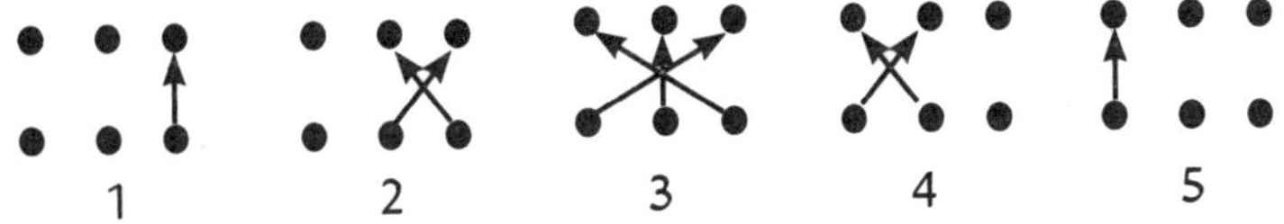

आप इसे जानते हैं। इस पैटर्न के अनुसार सीधे प्रश्न पर जाते हैं और हल करते हैं।

पद-1 : यहाँ हम प्रश्न दाएँ से बाएँ हल करते हैं। अत: हम पहले 5 और 4 को लंबवत् गुणाकर 20 प्राप्त करते हैं।

$$\begin{array}{r} 2x + 3y + 4 \\ x - 3y + 5 \\ \hline + 20 \end{array}$$

पद-2 : अगले पद में हम वज्र गुणन करते हैं।

$[5 \times 3y] + [4 \times (-3y)]$

अत: हम $15y - 12y = 3y$ प्राप्त करते हैं।

$$\begin{array}{r} 2x + 3y + 4 \\ x - 3y + 5 \\ \hline +3y + 20 \end{array}$$

पद-3 : तृतीय पद पर आते हैं—यह 'STAR' गुणा है।

हम $(5 \times 2x) + (4 \times x) + (3y \times -3y)$

$= 10x + 4x - 9y^2 = 14x - 9y^2$ प्राप्त करते हैं।

$$\begin{array}{r} 2x + 3y + 4 \\ x - 3y + 5 \\ \hline 14x - 9y^2 + 3y + 20 \end{array}$$

पद-4 : अब हम इसे पुनः वज्र गुणन से हल करते हैं।

अतः हम $(2x \times -3y) + (x \times 3y) = -6xy + 3xy = -3xy$ प्राप्त करते हैं।

$$\begin{array}{r} 2x + 3y + 4 \\ x - 3y + 5 \\ \hline 3xy + 14x - 9y^2 + 3y + 20 \end{array}$$

पद-5 : अंतिम पद में हम लंबवत् गुणा करते हैं। अतः हम $2x$ तथा x का गुणन $2x^2$ प्राप्त करते हैं।

$$\begin{array}{r} 2x + 3y + 4 \\ x - 3y + 5 \\ \hline -2x^2 - 3xy + 14x - 9y^2 + 3y + 20 \\ \hline \end{array}$$

मेरा विश्वास है कि आप थोड़े से अभ्यास के बाद बड़े प्रश्नों को भी हल करने में सक्षम होंगे।

गणित में सफलता को देखना

मैं यहाँ गणित में 100 प्रतिशत अंक प्राप्त करने के लिए कुछ रहस्य बता रहा हूँ।

गणित में श्रेष्ठ होने के लिए आपको यह समझना जरूरी है कि आप कहाँ खड़े हैं और आपको सफलता प्राप्त करते हुए देखना अत्यंत आवश्यक है।

गणित में अपनी सफलता की कल्पना करें और अपने दिमाग की दीवार

पर लगा लें। हाँ, आप इसे Facebook पर भी लगाकर अपने सभी दोस्तों को बता सकते हैं। आपको गणित में अपने आपको 100 प्रतिशत अंक प्राप्त करते हुए देखना चाहिए और धीरे-धीरे यह कल्पना आपको 100 प्रतिशत अंक लाने के लिए प्रेरित करेगी।

अपनी छवि को प्रेरित करने के लिए कुछ बातें—

1. गणित में अपने प्रधानाध्याक से 100 प्रतिशत अंक प्राप्त करने पर पुरस्कार लेते हुए अपने आपको देखें। हाँ, यह आसान है। यदि आप चाहते हैं तो भाषण भी लिख सकते हैं। हाँ, कभी 60 प्रतिशत अंक प्राप्त करना भी धीरे सीखनेवाले विद्यार्थी के लिए अच्छा है। अत:

आप धीरे-धीरे 40 से 60, 60 से 80 प्रतिशत और अंत में 80 से 100 प्रतिशत अंक प्राप्त करें।

इस कल्पना को अपने सामने रखें—अपनी दीवार पर अपनी टेबल पर या अपने पर्स में भी। आपको गणित के लिए उत्साही होना होगा।

2. हाथ से प्रमाण-पत्र या रिपोर्ट कार्ड बनाएँ। अपने गणित में प्राप्त अंक लिखें और जब आप इसे प्रतिदिन देखेंगे तो आप इससे प्रोत्साहित होंगे।
3. इससे ज्यादा आप अपनी सफलता के लिए पूर्ण रूप से स्पष्टवादी तथा क्रमागत रूप से स्मारक बनाओ (चित्र से), इससे ज्यादा अपने दिमाग में सफलता के बीज बोओ और इसे अपने अनुभव से भी बढ़ाओ। जैसा जेम्स एलीयन ने कहा है, ''व्यक्ति जैसा अपने दिल से सोचता है, वह वैसा ही होता है।''

❑

17

युगपत समीकरण

गणित और जिंदगी में मजबूत समीकरण बनाना बहुत महत्त्वपूर्ण है तथा चरों के मध्य संबंध को समझ पाना उसकी कुंजी है, परंतु, कई विद्यार्थियों के लिए समीकरण का मतलब समस्या एवं कभी न खत्म होनेवाले पद हैं, परंतु मैं कहूँ कि क्या आप एक पत्थर से दो पक्षियों को मार सकते हैं? गणितीय सूत्र की सहायता से हम केवल इस समस्या को हल ही नहीं कर सकते, बल्कि इस प्रक्रिया को शीघ्रता से कर सकते हैं।

हमें सीखना है कि युगपत समीकरण दिमाग से कैसे हल होता है। युगपत समीकरण वह समीकरण है, जिसमें दो चर x तथा y होते हैं। यहाँ हमें x तथा y दोनों के मान ज्ञात करने हैं।

युगपत समीकरण

खेल खेलने के लिए आपको उसका नियम जानने की आवश्यकता है। यहाँ युगपत समीकरण को हल करने का साधारण सूत्र है तथा हम सभी उस सूत्र का प्रयोग x तथा y का मान ज्ञात करने में करते हैं।

माना समीकरण निम्न प्रकार है—

$ax + by = p$

$cx + dy = q$

x तथा y का मान प्राप्त करने के लिए हम निम्न सूत्र प्रयोग में लेते हैं—

$$x = \frac{\mathrm{bq} - \rho\mathrm{d}}{\mathrm{bc} - \mathrm{ad}}$$

$$y = \frac{pc - aq}{bc - ad}$$

इसे उदाहरण से समझते हैं।

$2x + 3y = 8$
$4x + 5y = 14$

पद-1 : पहले हम x का मान ज्ञात करते हैं।

$$x = \frac{bq - pd}{bc - ad}$$

अत: हम $x = \frac{(3 \times 14) - (5 \times 8)}{(3 \times 4) - (2 \times 5)}$ लिखते हैं।

अब $x = \frac{42 - 40}{12 - 10} = \frac{2}{2} = 1$

पद-2 : अब हम y का मान ज्ञात करते हैं।

$$y = \frac{pc - aq}{bc - ad}$$

$$y = \frac{(8 \times 4) - (2 \times 14)}{(3 \times 4) - (2 \times 5)}$$

$$y = \frac{32 - 28}{12 - 10} = \frac{4}{2} = 2$$

अत: यहाँ $x = 1$ तथा $y = 2$ है।

अपने विभाग में पैटर्न को याद करना ही कुंजी है। अत: x का मान निम्न पैटर्न से ज्ञात करते हैं—

$2x + 3y = 8$

$4x + 5y = 14$

यहाँ हम चिह्नों द्वारा दिखाए अनुसार अंश ज्ञात करते हैं। हमें चिह्नों को ध्यान रख वज्र गुणा करने की आवश्यकता होती है।

अंश $(3 \times 14) - (5 \times 8)$ है।

अत: हर के लिए हम नीचे दिखाए अनुसार हल करते हैं।

$$\begin{array}{c} 2x + 3y = 8 \\ \times \\ 4x + 5y = 14 \end{array}$$

अत: यहाँ हम (3 × 4) - (2 × 5) को हर के रूप में लेते हैं।

अत:—

$$x = \frac{(3 \times 14) - (5 \times 8)}{(3 \times 4) - (2 \times 5)}$$

मैं आशा करता हूँ कि यह दृश्य पैटर्न से स्पष्ट होगा।

अन्य उदाहरण लेकर उस पर दृश्य पैटर्न का प्रयोग करते हैं।

हमारा प्रश्न

$$3x + 5y = 19$$
$$2x + 3y = 12$$

पैटर्न लगाते हैं—

यहाँ हमें x का मान ज्ञात करना है। चिह्न के अनुसार पैटर्न का प्रयोग करते हैं।

$$\begin{array}{c} 3x+5y=19 \\ \times \\ 2x+3y=12 \end{array}$$

हर (5 × 12) - (3 × 19) = 60 - 57 = 3 प्राप्त होता है।

$$\begin{array}{c} 3x+5y=19 \\ \times \\ 2x+3y=12 \end{array}$$

निम्न पैटर्न से हर (5×2)-(3×3)=10-9=1 प्राप्त होता है।

अत: x का मान $x = \frac{3}{1} = 3$ प्राप्त होता है।

अब हम y का मान ज्ञात करते हैं।

$$\begin{array}{c} 3x+5y=19 \\ \times \\ 2x+3y=12 \end{array}$$

अत: हर (19 × 2) - (3 × 12) = 38 - 36 = 2 प्राप्त होता है।

तथा हर

$$\begin{array}{c} 3x+5y=19 \\ \times \\ 2x+3y=12 \end{array}$$

(5×2)-(3×3)=10-9=1 प्राप्त होता है।

अत: $y=\dfrac{(19\times2)-(3\times12)}{(5\times2)-(3\times3)}$

$$y=\frac{38-36}{10-9}=\frac{2}{1}=2$$

जैसे-जैसे हम उदाहरण हल करते जाएँगे, यह तकनीक (विधि) आसान होती जाएगी।

इस विधि को समझने के लिए अन्य उदाहरण लेते हैं—

$$2x+3y=14$$
$$5x+7y=33$$

इसे दिमाग से हल करते हैं। देखते हैं कि आप x तथा y का मान प्राप्त कर सकते हैं या नहीं। अपनी आँखें बंद करें और पैटर्न का स्मरण करें।

पहले x का मान ज्ञात करते हैं। हमारा हर (3×33-7×14) है।

$$\begin{array}{c} 2x+3y=14 \\ \times \\ 5x+7y=33 \end{array}$$

अब हमारा हर (3 × 5 - 2 × 7) है।

$$\begin{array}{c} 2x+3y=14 \\ \times \\ 5x+7y=33 \end{array}$$

अत: $x=\dfrac{(3\times33)-(7\times14)}{(3\times5)-(2\times7)}$

$$y=\frac{(14\times5)-(2\times33)}{(3\times5)-(2\times7)}$$

अब हम y का मान ज्ञात करते हैं—

$$2x+3y = 14$$
$$5x+7y = 33$$

यहाँ अंश (14 × 5 - 2 × 33) है।

तथा हर (3 × 5 - 2 × 7) है।

$$2x+3y = 14$$
$$5x+7y = 33$$

अतः $y = \dfrac{(14\times5)-(2\times33)}{(3\times5)-(2\times7)}$

$$y = \frac{70-66}{15-14} = \frac{4}{1} = 4$$

मैं आशा करता हूँ कि आप समझ चुके हैं कि कैसे दिमाग में युगपत समीकरण को हल कर सकते हैं। अब विशेष प्रकार का युगपत समीकरण लेते हैं, अतः—

$$3x+2y = 6$$
$$9x+5y = 18$$

ध्यान रहे x के चर 3 तथा 9 हैं। अतः यह 1:3 के अनुपात में है तथा दाएँ पक्ष के पद के स्वतंत्र पद का अनुपात 6 तथा 18 = 1:3 ही है।

अतः 3:9 = 6:18

इस प्रकार हमें गणितीय सूत्र के प्रयोग की आवश्यकता है—यदि एक चर अनुपात में है, दूसरा शून्य है। अब हम देखते हैं कि x के स्वतंत्र चर अनुपात में हैं तथा अन्य चर y शून्य है। अतः यहाँ $y = 0$ है।

यदि $y = 0$ है, तब मान किसी भी समीकरण में रखकर x का मान आसानी से y प्राप्त कर सकते हैं।

अतः—

$3x + 0 = 6$

$x = \dfrac{6}{3} = 2$

यहाँ $x = 2$ तथा $y = 0$ है।

समान प्रकृति का अन्य उदाहरण लेते हैं।

$4x - y = 20$
$x + 5y = 5$

यहाँ x के चरों का अनुपात पक्षपात है, यहाँ 4:1 के अनुपात में है। स्वतंत्र चरों का अनुपात दाईं तरफ 20 तथा 5 का भी 4:1 है।

अतः 4:1=20:5 है।

इसी संकेत की आवश्यकता है। अतः अब हम गणितीय सूत्र का प्रयोग करते हैं। अन्य शून्य है। अतः पुनः यहाँ यदि x स्वतंत्र चरों के रूप में है तो $y = 0$ है।

हम किसी भी समीकरण से x का मान आसानी से ज्ञात कर सकते हैं। अतः

$x + 5y = 5$
$x + 0 = 5$
$x = 5$

अब $x = 5$ तथा $y = 0$ है।

इस अध्याय में हमने युगपत समीकरण को नई तकनीक से हल करना सीखा है। अज्ञात चरों को गणितीय सूत्र से ज्ञात करना केवल गणना ही नहीं है, परंतु गणना को प्रभावित करना भी है।

गणित में सफलता

मैं कुछ पुरानी यादें ताजा करता हूँ। जब मैं पीछे अपने विद्यालय के दिनों को देखता एवं परखता हूँ, तब मैं महसूस करता हूँ, कई चीजें मैं बेहतर कर सकता था, खासकर गणित में। मैं कभी सोचता हूँ और सूची बनाता हूँ कि उनकी मदद से मैं गणित में बेहतर अंक प्राप्त कर सकता था।

मैं यहाँ ऐसे कारक बताता हूँ, जो हमें सफलता प्राप्त करने में समय लगाते हैं तथा गणित में असफलता प्राप्त करने में योगदान देते हैं—

1. पहले हम गणित से डरते हैं।
2. हम शायद ही गणित पर ध्यान केंद्रित करते हैं। हम इन विषयों को अंतिम स्थान देते हैं।

3. हम गणित में प्रश्नों को हल करके प्रोत्साहित नहीं होते हैं।
4. कुछ अध्यापक गणित पढ़ाना नहीं जानते हैं। यह कारक भी गणित में दिलचस्पी कम करता है।
5. हमारे पास गणित के गृहकार्य करने का समय नहीं होता है, क्योंकि हम इस समय को खेलने या इंटरनेट में व्यतीत कर देते हैं।

यदि आप अपने गणित के अंक को बढ़ाना चाहते हैं, A-Star प्राप्त करना या 100 प्रतिशत अंक प्राप्त करना चाहते हैं, तो आपको कुछ चीजें करनी होंगी। चलो, हम कुछ योग्यता देखते हैं जो व्यक्ति को गणित में सफलता प्राप्त कराती है—

1. आपका गणित की तरफ सकारात्मक व्यवहार होना चाहिए। यदि आप गणित में सुविधाजनक हों तथा इससे खौफ नहीं खाते हों।
2. यदि आप अच्छे श्रोता हैं, आप अध्यापक के सिद्धांतों को सही तरह से प्रयोग करते हैं। आप अपने अध्यापक को अपना गुरु मानते हैं।
3. आप गणित से प्रोत्साहित हैं तथा आप इस विषय में दिलचस्पी लेते हैं। वैदिक गणित आपकी दिलचस्पी बढ़ाने में मदद करता है, चूँकि यह सुस्त तथा उबाऊ लगता है।
4. आप नियमित रूप से गणित की कक्षा लें, वह आपको आगे बढ़ने में मदद करेगी।

5. आप गणित में प्रायोगिक वास्तविक प्राप्ति की सूची बनाएँ तथा जानें कि प्रत्येक विषय को कितना समय देना है। आप इस पर कार्य करके अपने प्रयासों में लगातार सफलता तथा लक्ष्य को प्राप्त कर सकते हैं।
6. इन साधारण सी बातों को ध्यान में रखकर आप गणित में अपने आपको विद्वान बना सकते हैं।

❑

18

द्विघात समीकरण

जिंदगी में प्रतिदिन गणितीय समीकरणों का बहुतायत में प्रयोग होता है तथा इस अध्याय में हम वैदिक गणित से द्विघात समीकरण को हल करना सीखते हैं। अतः यदि आप इंजीनियर बनने का सपना देखते हैं या अन्य किसी भी व्यवसाय में सफलता पानी है तो आपको प्रतियोगी परीक्षा में सफल होना पड़ेगा। यहाँ आपकी मदद संसार का सबसे तेज गणितीय तंत्र करेगा। देखते हैं, द्विघात समीकरण क्या है ?

द्विघात समीकरण निम्न प्रकार है—

$ax^2 + bx + c = 0$

द्विघात मतलब 'दो'। यहाँ अज्ञात अचर x के दो मान होते हैं।

याद रहे कि द्विघात समीकरण में अवकलनों में सामान्य संबंध रहता है, जो कि $2ax + b$ है तथा विभेदक, जो $b^2 - 4ac$ है तथा अवकल विभेदक के वर्गमूल के बराबर होता है। अतः द्विघात समीकरण ax^2+bx+c में पहला अवकल $2ax+b$, जबकि विभेदक $b^2 - 4ac$ है।

यहाँ द्विघात समीकरण ज्ञात करने का सूत्र निम्नलिखित है—

$$x = \frac{-b \pm \sqrt{b^2 - 4ac}}{2a}$$

$$2ax = -b \pm \sqrt{b^2 - 4ac}$$

$$2ax + b = \pm\sqrt{b^2 - 4ac}$$

> अतः हम अवकल तथा विभेदक में संबंध ज्ञात कर सकते हैं।

अब हम x के दो मान ज्ञात करने में इस संबंध का प्रयोग करते हैं।

यहाँ हमारा पहला प्रश्न है—

$7x^2 - 5x - 2 = 0$

यहाँ $a = 7, b = -5$ तथा $c = -2$

अत: हम $2ax + b = \pm\sqrt{b^2 - 4ac}$ सूत्र प्रयोग करते हैं।

यहाँ अवकल को विभेदक के वर्गमूल से ज्ञात करते हैं।

अत: $14x - 5 = \pm\sqrt{25 - (4 \times 7 \times -2)}$

$14x - 5 = \pm\sqrt{81}$

$14x - 5 = \pm 9$

अब $x = \frac{9+5}{14} = 1$ तथा $x = \frac{-9+5}{14} = \frac{-2}{7}$ प्राप्त होता है। यह अभीष्ट उत्तर है।

अन्य उदाहरण $6x^2+5x-3=0$ लेते हैं।

यहाँ $a = 6, b = -5$ तथा $c = -3$ है।

अत: हम $2ax + b = \pm\sqrt{b^2 - 4ac}$ सूत्र प्रयोग करते हैं।

समान सिद्धांत को प्रयोग करने के लिए यहाँ हम अवकल $2ax + b$ को $12x + 5$ प्राप्त करते हैं, जो कि विभेदक के वर्गमूल के बराबर है। अत:—

$6x^2 + 5x - 3 = 0$

$12x + 5 = \pm\sqrt{25 - (4 \times 6 \times -3)}$

$12x + 5 = \pm\sqrt{97}$

$$x = \frac{-5 \pm \sqrt{97}}{12}$$

सब तीन पदों में पूरा हो जाता है। अब अन्य उदाहरण लेकर तकनीक को अच्छे से समझते हैं।

$2x^2 - 5x + 2 = 0$

यहाँ $a = 2, b = -5$ तथा $c = 2$ है।

अत: हम सूत्र $2ax + b = \pm\sqrt{b^2 - 4ac}$ प्रयोग करते हैं।

समान सिद्धांत का प्रयोग करने के लिए यहाँ हम अवकल $2ax + b$ को $4x - 5$ प्राप्त करते हैं तथा जो विभेदक के वर्गमूल के बराबर प्राप्त होता है। अत:—

$2x^2 - 5x + 2 = 0$

$4x - 5 = \pm\sqrt{25-(4\times2\times2)}$

$4x - 5 = \pm\sqrt{9}$

$x = \frac{5\pm\sqrt{9}}{4}$

अब हम द्विघात समीकरण के विशेष प्रकार पर चलते हैं।

द्विघात समीकरण के विशेष प्रकार—व्युत्क्रम

प्रकार A :

हम $x+\frac{1}{x}=\frac{17}{4}$ लेते हैं।

इस तरह के प्रश्न को हल करने में बहुत समय और पद लगते हैं। परंतु हम वैदिक गणित की सहायता से आसानी से और थोड़ी सी सावधानी से इसे हल कर सकते हैं। हम देखते हैं बाईं तरफ का प्रश्न दो व्युत्क्रमों का योग है। अत: हम $\frac{17}{4}$ को $4+\frac{1}{4}$ में विस्तारित करते हैं।

और हम $x = 4$ या $\frac{1}{4}$ प्राप्त करते हैं। यह कुछ नहीं, बस थोड़ा सा अवलोकन है। अन्य उदाहरण $x+\frac{1}{x}=\frac{26}{5}$ लेते हैं।

पिछले प्रश्न की तरह इसे हल करते हैं, हम दाईं तरफ $5+\frac{1}{5}$ के रूप में फैलाते हैं।

अत: हमें $x = 5$ या $\frac{1}{5}$ प्राप्त होता है।

अन्य उदाहरण $\frac{x}{x+1}+\frac{x+1}{x}=\frac{82}{9}$ लेते हैं।

इसे जल्दी से हल करते हैं। पुन: हम देखते हैं कि बाईं तरफ व्युत्क्रमों का योग है। अत: हम दाईं तरफ को $9+\frac{1}{9}$ फैलाते हैं। अत:—

$\frac{x}{x+1}=9$

$x = 9x+9$

$x-9x = 9$

$-8x = 9$

$x = \frac{-9}{8}$

या $\frac{x}{x+1} = \frac{1}{9}$

$9x = x+1$

$9x - x = 1$

$8x = 1$

$x = \frac{1}{8}$

अत: $x = \frac{-9}{8}$ या $x = \frac{1}{8}$

अब हम जल्दी से अन्य उदाहरण $\frac{x+1}{x+2} + \frac{x+2}{x+1} = \frac{37}{6}$ लेते हैं।

पूर्व की तरह हम दाईं तरफ को 6 तथा $\frac{1}{6}$ के व्युत्क्रम में फैलाते हैं।

$\frac{x+1}{x+2} + \frac{x+2}{x+1} = \frac{37}{6}$

अत: $\frac{x+1}{x+2} = 6$

$x+1 = 6x+12$

$x - 6x = 12 - 1$

$-5x = 11$

$x = \frac{-11}{5}$

या

$\frac{x+1}{x+2} = \frac{1}{6}$

$6x + 6 = x + 2$

$6x - x = 2 - 6$

$5x = -4$

$x = \frac{-4}{5}$

अत: हमारा उत्तर $x = \frac{-11}{5}$ या $x = \frac{-4}{5}$ है।

अब दूसरे प्रकार पर चलते हैं।

प्रकार B :

उदाहरण $x + \frac{1}{x} = \frac{13}{6}$ से प्रारंभ करते हैं।

याद रहे, यहाँ दाईं तरफ थोड़ा सा भिन्न है। अब इसे हल करते हैं, हम 6 के गुणज लेते हैं, जो 1, 2, 3 तथा 6 है।

याद रहे, हम 6 तथा $\frac{1}{6}$ नहीं ले सकते हैं, क्योंकि इनको जोड़ने पर $\frac{37}{6}$ प्राप्त होता है। अत: 6 तथा 1 की जगह हम 2 तथा 3 का व्युत्क्रम प्रयोग करते हैं—यह है, $\frac{2}{3}+\frac{3}{2}$ । यह हमें $\frac{13}{6}$ देता है।

अत: $x + \frac{1}{x} = \frac{13}{6} = \frac{2}{3} + \frac{3}{2}$

यहाँ $x = \frac{2}{3}$ या $\frac{3}{2}$ है।

मैं आग्रह करता हूँ, पुनरावृत्ति याद रखने का रहस्य है। अत: हमें तकनीक को दोहराकर उसको समझना चाहिए।

अगले उदाहरण के लिए हम $x + \frac{1}{x} = \frac{25}{12}$

पहले हम 12 के गुणज ज्ञात करते हैं, जो हमें 1, 2, 3, 4, 6 तथा 12 व्युत्क्रम के रूप में जोड़ते हैं तो $\frac{4}{3}+\frac{3}{4}=\frac{25}{12}$ प्राप्त होता है।

अत: $x + \frac{1}{x} = \frac{25}{12} = \frac{4}{3} + \frac{3}{4}$

यहाँ $x = \frac{4}{3}$ या $\frac{3}{4}$ है।

अन्य उदाहरण लेते हैं—

$$\frac{x+5}{x+6}+\frac{x+6}{x+5}=\frac{29}{10}$$

यहाँ दाईं तरफ हर 10 है। इसके गुणक 1, 2, 5 तथा 10 हैं। हम 2 तथा 10 का प्रयोग नहीं कर सकते हैं, क्योंकि यह हमें $\frac{29}{10}$ नहीं देता है। अत: हम $\frac{2}{5}$ और $\frac{5}{2}$ देते हैं। जो हमें $\frac{29}{10}$ देता है।

$$\frac{x+5}{x+6}+\frac{x+6}{x+5}=\frac{29}{10}=\frac{5}{2}+\frac{2}{5}$$

$$\frac{x+5}{x+6}=\frac{5}{2}$$

$$2x+10 = 5x + 30$$

$$2x - 5x = 30 - 10$$

$$-3x = 20$$

$$x= \frac{-20}{3}$$

या $\frac{x+5}{x+6}=\frac{2}{5}$

$$5x+25=2x+12$$

$$5x-2x=12-25$$

$$3x = -13$$

$$x=\frac{-13}{3}$$

अत: $x=\frac{-20}{3}$ या $\frac{-13}{3}$ प्राप्त होता है। यह बहुत जल्दी नहीं हो गया?

अब अच्छे कार्य करते हैं और अन्य उदाहरण लेते हैं—

$$\frac{2x+11}{2x-11}+\frac{2x-11}{2x+11}=\frac{193}{84}$$

यहाँ दाईं तरफ हर 84 है। इसके गुणज 1, 2, 3, 4, 6, 7, 12, 21, 28, 42 तथा 84 हैं। अत: हम $\frac{7}{12}$ और $\frac{12}{7}$ प्रयोग करते हैं, जो हमें $\frac{193}{84}$ देता है।

यहाँ दाईं तरफ $\frac{7}{12}+\frac{12}{7}$ है।

अतः प्रश्न निम्न प्रकार है—

$$\frac{2x+11}{2x-11}=\frac{7}{12}$$

$$24x+132=14x-77$$

$$10x=-209$$

$$x=\frac{-209}{10}$$

या $$\frac{2x+11}{2x-11}=\frac{12}{7}$$

$$14x+77=24x+132$$

$$-10x=-132-77$$

$$x=\frac{209}{10}$$

यह हमें x का मान $\frac{209}{10}$ या $\frac{-209}{10}$ देता है। हम अगला प्रकार देखते हैं।

प्रकार C :

हम उदाहरण $x-\frac{1}{x}=\frac{5}{6}$ लेते हैं।

यहाँ पुनः हमें सावधानी रखनी है, क्योंकि यहाँ चिह्न ऋणात्मक है। अतः हम 6 के गुणज 1, 2, 3 तथा 6 प्राप्त करते हैं। हम 1 तथा 6 का उपयोग नहीं कर सकते हैं, क्योंकि वे हमें $\frac{5}{6}$ नहीं देते हैं। अतः हम 2 तथा 3 का व्युत्क्रम लेते हैं। चूँकि $\frac{3}{2}, \frac{2}{3}$ से बड़ा है, हम इसे पहले लिखते हैं तथा दाईं तरफ $\frac{3}{2}-\frac{2}{3}$ प्राप्त करते हैं।

याद रहे, चिह्न ऋणात्मक है। अतः हम दाईं तरफ निम्न प्रकार फैलाते हैं—

$$x-\frac{1}{x}=\frac{5}{6}=\frac{3}{2}-\frac{2}{3}$$

यहाँ ऋणात्मक चिह्न महत्त्वपूर्ण है। अतः हम $x=\frac{3}{2}$ या $\frac{-2}{3}$ प्राप्त करते हैं।

हम अन्य उदाहरण लेते हैं $x-\frac{1}{x}=\frac{45}{14}$

यहाँ हम 14 के गुणज ज्ञात करते हैं, जो 1, 2, 7 तथा 14 हैं। हम 1 और 14 नहीं लेते हैं, क्योंकि यह हमें $\frac{45}{14}$ नहीं देता है, अतः हम 2 तथा 7 को व्युत्क्रम के रूप में लेते हैं।

चूँकि $\frac{7}{2}$, $\frac{2}{7}$ से बड़ा है। हम $\frac{7}{2}$ को पहले लिखते हैं तथा दाईं तरफ $\frac{7}{2}-\frac{2}{7}$ प्राप्त करते हैं। अतः हमारा प्रश्न निम्न प्रकार है—

$$x-\frac{1}{x}=\frac{45}{14}=\frac{7}{2}-\frac{2}{7}$$

$$x=\frac{7}{2} \text{ या } \frac{-2}{7}$$

अब हम $\frac{x}{x+3}-\frac{x+3}{x}=\frac{15}{56}$ लेते हैं।

यहाँ 56 के गुणज 1, 2, 4, 8, 7, 28 और 56 हैं। इन सबमें से हम 7 और 8 को लेते हैं, क्योंकि इनके व्युत्क्रम से हमें $\frac{15}{56}$ प्राप्त होता है। अतः हम दाईं तरफ $\frac{8}{7}-\frac{7}{8}$ प्राप्त करते हैं।

पूर्व प्रश्न की तरह समान पैटर्न प्रयोग में लेते हैं, हमारा प्रश्न निम्न प्रकार है—

$$\frac{x}{x+3}-\frac{x+3}{x}=\frac{15}{56}=\frac{8}{7}-\frac{7}{8}$$

x के लिए

$$\frac{x}{x+3}=\frac{8}{7}$$

$$7x = 8x + 24$$

$$x = -24$$

या

$$\frac{x}{x+3}=\frac{7}{8}$$

$8x = 7x$ -21
$x = 21$

यहाँ x का मान −24 या 21 है।

अन्य उदाहरण $\frac{5x+9}{5x-9}-\frac{5x-9}{5x+9}=\frac{56}{45}$ लेते हैं।

यहाँ 45 के गुणज 1, 3, 5, 9, 15 तथा 45 हैं। हम 9 तथा 5 का प्रयोग करते हैं, क्योंकि इनका व्युत्क्रम हमें $\frac{56}{45}$ देता है।

यहाँ हम दाईं तरफ को दो व्युत्क्रम में बाँटते हैं। अतः—

$$\frac{5x+9}{5x-9}-\frac{5x-9}{5x+9}=\frac{56}{45}=\frac{9}{5}-\frac{5}{9}$$

हम x ज्ञात करते हैं—

$$\frac{5x+9}{5x-9}=\frac{9}{5}$$

$25x + 45 = 45x–81$
$–20x = –81–45$

$$x=\frac{-126}{-20}=\frac{63}{10}$$

या

$$\frac{5x+9}{5x-9}=\frac{-5}{9}$$

$$45x+81=-25x+45$$

$$70x=45-81$$

$$x=\frac{-36}{70}=\frac{-18}{35}$$

अतः x के दो मान—

$\frac{63}{10}$ या $\frac{-18}{35}$ हैं।

❑

19

कैलेंडर

यह विधि मुझे स्वर्गीय शकुंतला देवी ने सिखाई थी और मैं आपके फायदे के लिए इसे प्रस्तुत कर रहा हूँ। इस अध्याय में हम याद करेंगे कि कैलेंडर के लगभग 600 वर्ष को कुछ सेकंड में कैसे याद रख सकते हैं। इसके बाद हम 15 अक्तूबर, 1582 के बाद के किसी भी दिन को याद करने में सक्षम होंगे, जब राष्ट्रपति ग्रेगोरियन ने कैलेंडर का गठन किया था। उदाहरणतया, यदि हम ज्ञात करना चाहें कि 15 अगस्त, 1957 को कौन सा दिन था, हममें से अधिक अपना सिर खुजाएँगे, परंतु इस विधि के साथ हम आसानी से ज्ञात करने में सक्षम होंगे। अत: प्रारंभ करते हैं—

कैलेंडर

इसे करने में सक्षम होने के लिए हम चार सूची याद करते हैं।

पहली महीना सूची है। यहाँ आप देखते हैं कि प्रत्येक महीने के लिए एक-अंकीय संख्या है। उदाहरणतया, जनवरी के लिए परस्पर अंक 0 है, नंवबर के लिए परस्पर अंक 3 है, मई के लिए परस्पर अंक 1 है।

महीना	**सूची**
जनवरी	0
फरवरी	3
मार्च	3
अप्रैल	6
मई	1
जून	4

जुलाई	6
अगस्त	2
सितंबर	5
अक्तूबर	0
नवंबर	3
दिसंबर	5

यह सूची याद करनी होगी। इसे चार समूह में याद करना आसान है।

अत: हम 0336–1462–5035 प्राप्त करते हैं। यदि आप इसे याद रखें और दिमाग में चार या पाँच बार दोहराएँ तो आपको यह याद हो जाएगी।

अगली सूची पर चलते हैं—वार्षिक सूची

महीना	**सूची**	**वर्ष**	**सूची**
जनवरी	0	1900	0
फरवरी	3	1904	5
मार्च	3	1908	3
अप्रैल	6	1912	1
मई	1	1916	6
जून	4	1920	4
जुलाई	6	1924	2
अगस्त	2		
सितंबर	5		
अक्तूबर	0		
नवंबर	3		
दिसंबर	5		

यहाँ वर्ष सूची में कुछ मजेदार है। यह 1900 से प्रारंभ होती है तथा 1924 तक चलती है। इसके अलावा सूची प्रत्येक चार साल बाद पुनरावृत्त होती है, जिसका मतलब 1924 का संयुक्त अंक 2 है, 1928 अंक 0 प्राप्त करेगा, 1932 अंक 5, 1936 अंक 3 आदि।

प्रत्येक नई शताब्दी में सूची इक्कीसवीं से प्रारंभ होती है। उदाहरणतया यदि हम 1800 के लिए गणना करें तो अंक 0 होना चाहिए, 1804 के लिए 5, 1808 के लिए 3 आदि।

अब हम दिन सूची पर चलते हैं, जो निम्न प्रकार है—

महीना	**सूची**	**वर्ष**	**सूची**	**दिन**	**सूची**
जनवरी	0	1900	0	रवि.	0
फरवरी	3	1904	5	सोम.	1
मार्च	3	1908	3	मंगल.	2
अप्रैल	6	1912	1	बुध.	3
मई	1	1916	6	गुरु.	4
जून	4	1920	4	शुक्र.	5
जुलाई	6	1924	2	शनि.	6
अगस्त	2				
सितंबर	5				
अक्तूबर	0				
नवंबर	3				
दिसंबर	5				

दिन सूची याद करने में आसान है। रविवार 0 है, सोमवार 1 है, मंगलवार 2 है, आदि।

अंत में शताब्दी सूची पर चलते हैं—

महीना	**सूची**	**वर्ष**	**सूची**	**दिन**	**सूची**	**शताब्दी**	**सूची**
जनवरी	0	1900	0	रवि.	0	21वीं	1
फरवरी	3	1904	5	सोम.	1	20वीं	0
मार्च	3	1908	3	मंगल.	2	19वीं	2
अप्रैल	6	1912	1	बुध.	3	18वीं	4
मई	1	1916	6	गुरु.	4	17वीं	6
जून	4	1920	4	शुक्र.	5		
जुलाई	6	1924	2	शनि.	6		

अगस्त	2
सितंबर	5
अक्तूबर	0
नवंबर	3
दिसंबर	5

इस शताब्दी सूची में हम देखते हैं 21वीं शताब्दी का संयुक्त अंक 1 है, 20वीं शताब्दी का अंक 0 है, 19वीं शताब्दी का अंक 2 है, 18वीं शताब्दी का अंक 4 है, आदि।

अब हम कुछ उदाहरण लेकर हल करते हैं—

1. 9 नवंबर, 1932 को सप्ताह का कौन सा दिन पड़ेगा?

हम पहले दिनांक ज्ञात करते हैं, जो 9 है। तब हम महीना ज्ञात करते हैं, जो नवंबर है। हम महीना सूची देखते हैं, जहाँ नवंबर 3 है। अत: हमारे महीने का अंक 3 है। वर्ष 1932 है। अत: हम वर्ष सूची देखते हैं। यहाँ 1924, 2 है।

अब सूची खुद को दोहराती है, अत: 1928, 0 होगा तथा 1932, 5 होगा। अत: हमारा वर्ष अंक 5 है।

अब हम शताब्दी सूची पर आते हैं।

1932, 19वीं शताब्दी है, अत: हमें शताब्दी अंक 0 प्राप्त होता है।

अब हम सभी दिनांक अंक, महीना अंक, वर्ष अंक तथा शताब्दी अंक का योग करते हैं।

कुल योग में से हम 7 से कम या लगभग पास के गुणन को घटाते हैं। इस प्रकार वह 4 है।

17−14=3, जो दिन सूची में बुधवार है।

अत: 9 नवंबर, 1932 को बुधवार था।

9 नवंबर, 1932

दिनांक अंक	: 9
महीना अंक	: 3
वार्षिक अंक	: 5

शताब्दी अंक : 0
लीप वर्ष संयोजन : 0

17−14 = 3 = बुधवार

हमें वर्ष अंकों के प्रति कुछ महत्त्वपूर्ण बात याद रखनी चाहिए।

यदि वर्ष 1900 के पहले का है और यह लीप वर्ष है तथा महीना जनवरी या फरवरी है, तो कुल में से 1 कम होगा।

2. 24 फरवरी, 1936 को कौन सा दिन था, ज्ञात करते हैं।

हमारा दिनांक 24 है।

फरवरी का संयुक्त अंक 3 है। अत: हमारा महीना अंक 3 है।

1936 का संयुक्त अंक 3 है। अत: वर्ष अंक 3 है।

शताब्दी अंक शून्य है, क्योंकि यह 20वीं शताब्दी है और क्योंकि 1936 लीप वर्ष है तथा फरवरी महीना है, तो हम कुल में से 1 घटाते हैं। अत: हमारे लीप वर्ष में से −1 संयोजित करते हैं।

इसका कुल योग 29 है, इसमें से 7 से कम या बराबर नजदीक गुणक 28 है। 29−28 =1 जिसका मतलब 24 फरवरी, 1936 को सोमवार था।

24 फरवरी, 1936

दिनांक अंक : 24
महीना अंक : 3
वार्षिक अंक : 43
शताब्दी अंक : +0
लीप वर्ष संयोजन : −1

29−28 = 1 = सोमवार

लीप वर्ष न हो, तब क्या करते हैं?

3. 18 मई, 1943 को कौन सा दिन था?

दिनांक अंक 18 है।

महीना अंक 1 है।

कृपया याद रखें कि वर्ष अंकों की गणना कैसे की गई है।

महीना	**सूची**	**वर्ष**	**सूची**	**दिन**	**सूची**	**शताब्दी**	**सूची**
जनवरी	0	1900	0	रवि.	0	21वीं	1
फरवरी	3	1904	5	सोम.	1	20वीं	0
मार्च	3	1908	3	मंगल.	2	19वीं	2
अप्रैल	6	1912	1	बुध.	3	18वीं	4
मई	1	1916	6	गुरु.	4	17वीं	6
जून	4	1920	4	शुक्र.	5		
जुलाई	6	1924	2	शनि.	6		
अगस्त	2						
सितंबर	5						
अक्तूबर	0						
नवंबर	3						
दिसंबर	5						

1924 का संयुक्त अंक 2 है। चूँकि सूची दोहराती है 1928, 0 होगा, 1932, 5 होगा, 1936, 3 होगा, 1940, 1 होगा तथा 1944, 6 होगा।

1943, 1940 से 3 वर्ष अधिक है। अतः हम 3 में 1 जोड़ते हैं तथा वर्ष अंक 4 प्राप्त करते हैं।

शताब्दी अंक 0 है, चूँकि वर्ष 20वीं शताब्दी में है।

18 मई, 1943

दिनांक अंक : 18
महीना अंक : 1
वार्षिक अंक : 4
शताब्दी अंक : +0
लीप वर्ष संयोजन : ....

23−21=2 = मंगलवार

अब हम पिछले 600 वर्ष के लगभग सभी दिनांक ज्ञात कर सकते हैं।

4. भारतीय स्वतंत्रता दिवस 15 अगस्त, 1947 को कौन सा दिन था, ज्ञात करें।

15 अगस्त, 1947

दिनांक अंक	: 15
महीना अंक	: 2
वार्षिक अंक	: 9
शताब्दी अंक	: +0
लीप वर्ष संयोजन	: ...
	26−21=5 = शुक्रवार

हमारा दिनांक अंक यहाँ 15 है।

अगस्त का संयुक्त महीना अंक 2 है।

1944 का संयुक्त वार्षिक अंक होगा, जो 6+3 है। वार्षिक अंक 9 प्राप्त होता है। शताब्दी अंक 0 है।

कुल योग 26 प्राप्त होता है, जिसमें से हम 26 से कम 7 के गुणन घटाते हैं। यह 21 है। 26−21 = 5।

इस दिनांक सूची में 5 का संयुक्त शुक्रवार है। अत: 15 अगस्त, 1947 को शुक्रवार था।

मैं आशा करता हूँ, यह विधि स्पष्ट हो गई होगी।

चलो और दिनांक देखते हैं।

5. 7 अक्तूबर, 1875 को कौन सा दिन था?

हमारा दिनांक अंक 7 है।

अक्तूबर का संयुक्त महीना अंक 0 है।

1872 का संयुक्त अंक 6 है। इससे ज्यादा वर्ष 1875 है। अत: अंक 6+3=9 प्राप्त होता है। 1875, 19वीं शताब्दी में है। इसका संयुक्त अंक 2 है।

7 अक्तूबर, 1875

दिनांक अंक : 7
महीना अंक : 0
वार्षिक अंक : 9
शताब्दी अंक : +2
लीप वर्ष संयोजन : ...

18−14=4 = गुरुवार

6. 2 अक्तूबर, 1869 को कौन सा दिन था?

हमारा दिनांक अंक 2 है।

अक्तूबर का संयुक्त महीना अंक 0 है।

1868 के लिए वार्षिक अंक है 1 हम 1 को 1 में 1869 के 1 वर्ष बड़े होने के कारण जोड़ते हैं। अतः हमारा अंक 2 प्राप्त होता है। अंत में, हमारा शताब्दी अंक 2 है। इनको जोड़ने पर हमें 6 प्राप्त होता है।

जिसका मतलब है 2 अक्तूबर, 1869 को शनिवार था।

2 अक्तूबर, 1869

दिनांक अंक : 2
महीना अंक : 0
वार्षिक अंक : 2
शताब्दी अंक : +2
लीप वर्ष संयोजन : ....

6 = शनिवार

7. 7 अप्रैल, 2007 को कौन सा दिन था?

हमारा दिनांक अंक 7 है।

अप्रैल का संयुक्त अंक 6 है। अतः महीना अंक 6 है।

2004 का संयुक्त अंक 5 है, अतः हम इसमें 3 जोड़ेंगे, क्योंकि 2007, 2004 से तीन वर्ष आगे है। अतः हमारा वार्षिक अंक 5+3 = 8 है। चूँकि

2007, 21वीं शताब्दी में है तो हमें शताब्दी अंक 1 प्राप्त होता है।

यहाँ कुल योग 20 प्राप्त होता है। 20 से हम 14 घटाते हैं, जो 7 के गुणज से कम तथा 20 के बराबर है।

यह हमें 6 देता है, जो शनिवार का संयुक्त अंक है।

7 अप्रैल, 2007

दिनांक अंक	:	7
महीना अंक	:	6
वार्षिक अंक	:	8
शताब्दी अंक	:	−1
लीप वर्ष संयोजन	:	....

20−14− = 6 = शनिवार

इस अध्याय में हमने पिछले 600 वर्ष में सप्ताह के दिन को ज्ञात करना सीखा है। यदि आप सूचियों को याद कर लेते हैं, तो मेरा विश्वास है कि आप चलते-फिरते कैलेंडर बन जाओगे शकुंतला देवी की तरह।

❑

अभ्यास प्रश्न

गुणनफल ज्ञात करें—

1. 91 × 95	**2.** 93 × 93	**3.** 95 × 94	**4.** 96 × 92	**5.** 91 × 98
6. 97 × 97	**7.** 91 × 97	**8.** 96 × 97	**9.** 98 × 99	**10.** 97 × 96
11. 96 × 90	**12.** 94 × 93	**13.** 94 × 96	**14.** 98 × 97	**15.** 91 × 96
16. 98 × 93	**17.** 93 × 91	**18.** 90 × 92	**19.** 93 × 96	**20.** 98 × 95
21. 95 × 95	**22.** 97 × 98	**23.** 96 × 98	**24.** 90. × 94	**25.** 99 × 93
26. 92 × 98	**27.** 97 × 94	**28.** 98 × 90	**29.** 96 × 95	**30.** 98 × 96
31. 95 × 96	**32.** 93 × 90	**33.** 90 × 95	**34.** 99 × 91	**35.** 91 × 94
36. 97 × 92	**37.** 93 × 98	**38.** 96 × 91	**39.** 92 × 91	**40.** 98 × 94
41. 90 × 98	**42.** 94 × 98	**43.** 92 × 90	**44.** 96 × 94	**45.** 98 × 95
46. 92 × 94	**47.** 99 × 99	**48.** 95 × 98	**49.** 94 × 92	**50.** 93 × 92

गुणनफल ज्ञात करें—

1. 991 × 996	2. 994 × 995	3. 996 × 993	4. 990 × 990	5. 993 × 992
6. 997 × 993	7. 993 × 994	8. 994 × 994	9. 992 × 992	10. 992 × 993
11. 997 × 994	12. 992 × 994	13. 993 × 993	14. 999 × 993	15. 998 × 998
16. 996 × 991	17. 993 × 998	18. 991 × 991	19. 998 × 991	20. 996 × 997
21. 996 × 995	22. 995 × 998	23. 998 × 992	24. 993 × 996	25. 998 × 990
26. 994 × 992	27. 995 × 996	28. 991 × 993	29. 994 × 996	30. 995 × 990
31. 991 × 994	32. 993 × 991	33. 994 × 990	34. 997 × 990	35. 997 × 995
36. 998 × 994	37. 995 × 995	38. 994 × 999	39. 994 × 993	40. 992 × 996
41. 991 × 998	42. 993 × 997	43. 999 × 998	44. 992 × 997	45. 996 × 990
46. 992 × 995	47. 995 × 997	48. 998 × 997	49. 994 × 997	50. 994 × 991

गुणनफल ज्ञात करें—

1. 17 × 15	2. 18 × 14	3. 19 × 13	4. 19 × 18	5. 12 × 17
6. 12 × 12	7. 13 × 16	8. 16 × 14	9. 19 × 11	10. 12 × 13
11. 15 × 15	12. 13 × 17	13. 16 × 11	14. 17 × 11	15. 12 × 11
16. 17 × 14	17. 12 × 19	18. 17 × 13	19. 12 × 14	20. 15 × 19
21. 15 × 16	22. 13 × 12	23. 19 × 12	24. 14 × 19	25. 18 × 15
26. 11 × 12	27. 16 × 18	28. 16 × 12	29. 14 × 18	30. 16 × 17
31. 19 × 15	32. 18 × 12	33. 17 × 18	34. 12 × 16	35. 18 × 19
36. 11 × 14	37. 13 × 18	38. 17 × 16	39. 11 × 13	40. 13 × 14
41. 16 × 15	42. 11 × 15	43. 14 × 17	44. 16 × 13	45. 14 × 12
46. 14 × 13	47. 18 × 17	48. 19 × 16	49. 18 × 11	50. 12 × 18

गुणनफल ज्ञात करें—

1. 103 × 102	2. 112 × 113	3. 116 × 110	4. 120 × 113	5. 121 × 108
6. 111 × 102	7. 115 × 115	8. 102 × 118	9. 105 × 100	10. 102 × 109
11. 120 × 116	12. 107 × 112	13. 120 × 117	14. 117 × 119	15. 113 × 105
16. 109 × 115	17. 115 × 109	18. 116 × 114	19. 115 × 104	20. 114 × 108
21. 104 × 120	22. 105 × 111	23. 118 × 114	24. 113 × 121	25. 101 × 110
26. 102 × 106	27. 107 × 108	28. 117 × 121	29. 114 × 121	30. 114 × 101
31. 100 × 116	32. 108 × 106	33. 120 × 109	34. 103 × 100	35. 109 × 110
36. 115 × 111	37. 112 × 108	38. 107 × 109	39. 120 × 103	40. 107 × 114
41. 104 × 119	42. 113 × 109	43. 102 × 108	44. 118 × 115	45. 112 × 112
46. 108 × 109	47. 121 × 109	48. 103 × 111	49. 115 × 103	50. 118 × 101

गुणनफल ज्ञात करें—

1. 18 × 8	2. 13 × 7	3. 19 × 6	4. 12 × 9	5. 11 × 8
6. 17 × 8	7. 18 × 9	8. 16 × 8	9. 17 × 9	10. 16 × 9
11. 14 × 6	12. 15 × 8	13. 11 × 6	14. 13 × 8	15. 14 × 8
16. 18 × 6	17. 14 × 7	18. 16 × 7	19. 13 × 6	20. 17 × 6
21. 12 × 7	22. 15 × 6	23. 15 × 8	24. 12 × 6	25. 12 × 8
26. 15 × 7	27. 16 × 6	28. 11 × 7	29. 19 × 7	30. 18 × 7
31. 17 × 7	32. 13 × 9	33. 14 × 9	34. 19 × 9	35. 19 × 8
36. 11 × 9	37. 12 × 8	38. 12 × 8	39. 15 × 9	40. 14 × 7
41. 15 × 6	42. 15 × 8	43. 17 × 7	44. 12 × 6	45. 13 × 6
46. 19 × 7	47. 14 × 8	48. 17 × 6	49. 18 × 8	50. 15 × 7

गुणनफल ज्ञात करें—

1. 110 × 92	2. 116 × 90	3. 117 × 98	4. 101 × 95	5. 109 × 97
6. 113 × 91	7. 112 × 98	8. 107 × 92	9. 114 × 96	10. 114 × 92
11. 114 × 94	12. 112 × 91	13. 102 × 92	14. 118 × 92	15. 112 × 90
16. 110 × 94	17. 107 × 96	18. 111 × 98	19. 116 × 96	20. 118 × 91
21. 106 × 97	22. 107 × 97	23. 109 × 91	24. 111 × 90	25. 110 × 97
26. 106 × 93	27. 113 × 96	28. 118 × 96	29. 118 × 97	30. 118 × 94
31. 106 × 92	32. 108 × 94	33. 108 × 90	34. 115 × 95	35. 118 × 98
36. 104 × 97	37. 114 × 98	38. 113 × 96	39. 103 × 96	40. 105 × 91
41. 115 × 92	42. 104 × 94	43. 111 × 92	44. 107 × 95	45. 113 × 90
46. 111 × 96	47. 115 × 97	48. 101 × 90	49. 119 × 91	50. 102 × 91

गुणनफल ज्ञात करें—

1. 87 × 27	**2.** 21 × 35	**3.** 14 × 31	**4.** 30 × 40	**5.** 42 × 32
6. 88 × 58	**7.** 65 × 18	**8.** 78 × 45	**9.** 13 × 60	**10.** 46 × 76
11. 74 × 97	**12.** 56 × 65	**13.** 52 × 68	**14.** 39 × 65	**15.** 31 × 33
16. 79 × 73	**17.** 19 × 46	**18.** 48 × 71	**19.** 47 × 29	**20.** 38 × 13
21. 77 × 24	**22.** 81 × 61	**23.** 85 × 57	**24.** 41 × 31	**25.** 56 × 44
26. 66 × 23	**27.** 84 × 30	**28.** 50 × 89	**29.** 70 × 56	**30.** 82 × 46
31. 91 × 65	**32.** 20 × 20	**33.** 51 × 25	**34.** 50 × 30	**35.** 68 × 19
36. 91 × 14	**37.** 34 × 18	**38.** 98 × 16	**39.** 27 × 13	**40.** 79 × 14
41. 38 × 18	**42.** 20 × 86	**43.** 66 × 67	**44.** 88 × 87	**45.** 95 × 58
46. 12 × 90	**47.** 46 × 91	**48.** 21 × 23	**49.** 15 × 71	**50.** 20 × 71

गुणनफल ज्ञात करें—

1. 894 × 114	2. 460 × 358	3. 981 × 801	4. 946 × 548	5. 608 × 483
6. 164 × 745	7. 816 × 463	8. 252 × 156	9. 375 × 914	10. 941 × 577
11. 655 × 369	12. 767 × 398	13. 966 × 846	14. 607 × 671	15. 702 × 160
16. 893 × 814	17. 943 × 816	18. 239 × 996	19. 774 × 815	20. 949 × 240
21. 766 × 801	22. 757 × 142	23. 278 × 873	24. 629 × 320	25. 620 × 366
26. 585 × 435	27. 206 × 426	28. 778 × 626	29. 346 × 163	30. 391 × 237
31. 295 × 376	32. 845 × 549	33. 590 × 349	34. 802 × 102	35. 326 × 255
36. 381 × 559	37. 963 × 802	38. 810 × 853	39. 611 × 726	40. 221 × 193
41. 317 × 388	42. 151 × 437	43. 574 × 559	44. 709 × 617	45. 139 × 612
46. 750 × 712	47. 525 × 814	48. 944 × 491	49. 955 × 309	50. 551 × 929

योग करें—

1. 76 + 37	2. 47 + 19	3. 53 + 25	4. 13 + 61	5. 62 + 30
6. 51 + 45	7. 97 + 15	8. 34 + 34	9. 85 + 89	10. 29 + 49
11. 62 + 41	12. 23 + 25	13. 39 + 84	14. 41 + 83	15. 23 + 71
16. 64 + 48	17. 82 + 45	18. 18 + 86	19. 80 + 30	20. 44 + 16
21. 17 + 45	22. 35 + 70	23. 15 + 75	24. 16 + 36	25. 41 + 40
26. 58 + 26	27. 15 + 67	28. 96 + 45	29. 24 + 32	30. 79 + 68
31. 83 + 29	32. 48 + 90	33. 64 + 13	34. 62 + 62	35. 96 + 47
36. 54 + 65	37. 55 + 23	38. 42 + 27	39. 16 + 52	40. 20 + 63
41. 78 + 15	42. 52 + 82	43. 23 + 48	44. 43 + 25	45. 48 + 72
46. 72 + 58	47. 50 + 75	48. 32 + 87	49. 95 + 44	50. 16 + 12

योग करें—

1. 193 + 149	**2.** 439 + 907	**3.** 711 + 996	**4.** 933 + 409	**5.** 897 + 834
6. 212 + 122	**7.** 446 + 371	**8.** 588 + 584	**9.** 972 + 285	**10.** 891 + 449
11. 871 + 474	**12.** 794 + 577	**13.** 995 + 922	**14.** 921 + 380	**15.** 233 + 591
16. 286 + 374	**17.** 158 + 641	**18.** 699 + 726	**19.** 593 + 620	**20.** 132 + 453
21. 313 + 684	**22.** 943 + 240	**23.** 421 + 805	**24.** 607 + 401	**25.** 318 + 447
26. 609 + 194	**27.** 521 + 488	**28.** 285 + 719	**29.** 354 + 862	**30.** 910 + 787
31. 175 + 654	**32.** 278 + 407	**33.** 649 + 837	**34.** 963 + 804	**35.** 671 + 861
36. 990 + 453	**37.** 254 + 539	**38.** 236 + 287	**39.** 529 + 655	**40.** 256 + 291
41. 416 + 622	**42.** 163 + 785	**43.** 981 + 193	**44.** 852 + 669	**45.** 457 + 979
46. 474 + 731	**47.** 709 + 344	**48.** 379 + 659	**49.** 508 + 637	**50.** 590 + 583

योग करें—

1. 76 + 37	**2.** 47 + 19	**3.** 53 + 25	**4.** 13 + 61	**5.** 62 + 30
6. 51 + 45	**7.** 97 + 15	**8.** 34 + 34	**9.** 85 + 89	**10.** 29 + 49
11. 62 + 41	**12.** 23 + 25	**13.** 39 + 84	**14.** 41 + 83	**15.** 23 + 71
16. 64 + 48	**17.** 82 + 45	**18.** 18 + 86	**19.** 80 + 30	**20.** 44 + 16
21. 17 + 45	**22.** 35 + 70	**23.** 15 + 75	**24.** 16 + 36	**25.** 41 + 40
26. 58 + 26	**27.** 15 + 67	**28.** 96 + 45	**29.** 24 + 32	**30.** 79 + 68
31. 83 + 29	**32.** 48 + 90	**33.** 64 + 13	**34.** 62 + 62	**35.** 96 + 47
36. 54 + 65	**37.** 55 + 23	**38.** 42 + 27	**39.** 16 + 52	**40.** 20 + 63
41. 78 + 15	**42.** 52 + 82	**43.** 23 + 48	**44.** 43 + 25	**45.** 48 + 72
46. 72 + 58	**47.** 50 + 75	**48.** 32 + 87	**49.** 95 + 44	**50.** 16 + 12

योग करें—

1. 193 + 149	**2.** 439 + 907	**3.** 711 + 996	**4.** 933 + 409	**5.** 897 + 834
6. 212 + 122	**7.** 446 + 371	**8.** 588 + 584	**9.** 972 + 285	**10.** 891 + 449
11. 871 + 474	**12.** 794 + 577	**13.** 995 + 922	**14.** 921 + 380	**15.** 233 + 591
16. 286 + 374	**17.** 158 + 641	**18.** 699 + 726	**19.** 593 + 620	**20.** 132 + 453
21. 313 + 684	**22.** 943 + 240	**23.** 421 + 805	**24.** 607 + 401	**25.** 318 + 447
26. 609 + 194	**27.** 521 + 488	**28.** 285 + 719	**29.** 354 + 862	**30.** 910 + 787
31. 175 + 654	**32.** 278 + 407	**33.** 649 + 837	**34.** 963 + 804	**35.** 671 + 861
36. 990 + 453	**37.** 254 + 539	**38.** 236 + 287	**39.** 529 + 655	**40.** 256 + 291
41. 416 + 622	**42.** 163 + 785	**43.** 981 + 193	**44.** 852 + 669	**45.** 457 + 979
46. 474 + 731	**47.** 709 + 344	**48.** 379 + 659	**49.** 508 + 637	**50.** 590 + 583

योग करें—

1. 6,417 + 8,351	**2.** 9,823 + 2,251	**3.** 2,626 + 6,179	**4.** 7,793 + 2,657	**5.** 8,003 + 6,008
6. 1,138 + 1,542	**7.** 5,860 + 1,802	**8.** 3,615 + 6,273	**9.** 5,985 + 2,208	**10.** 5,158 + 3,666
11. 8,182 + 2,668	**12.** 9,697 + 9,632	**13.** 9,145 + 8,952	**14.** 1,291 + 7,363	**15.** 4,876 + 4,988
16. 3,668 + 4,924	**17.** 7,335 + 3,441	**18.** 3,264 + 3,058	**19.** 8,419 + 3,735	**20.** 1,474 + 6,912
21. 7,838 + 2,179	**22.** 8,060 + 6,202	**23.** 7,153 + 2,913	**24.** 4,147 + 5,120	**25.** 9,259 + 2,912
26. 4,221 + 2,672	**27.** 4,037 + 3,277	**28.** 4,050 + 4,759	**29.** 8,653 + 1,201	**30.** 3,105 + 3,673
31. 5,898 + 1,441	**32.** 7,780 + 4,025	**33.** 3,350 + 6,213	**34.** 4,205 + 3,428	**35.** 8,537 + 1,568
36. 7,854 + 3,261	**37.** 1,744 + 8,245	**38.** 5,827 + 7,012	**39.** 4,608 + 4,505	**40.** 3,489 + 7,242
41. 5,815 + 6,170	**42.** 8,102 + 2,974	**43.** 1,777 + 2,006	**44.** 1,898 + 5,068	**45.** 9,390 + 8,504
46. 4,404 + 8,228	**47.** 1,640 + 7,800	**48.** 2,024 + 7,407	**49.** 4,398 + 5,045	**50.** 3,862 + 1,951

अंतर ज्ञात करें—

1. 75 - 60	**2.** 78 - 78	**3.** 56 - 42	**4.** 89 - 21	**5.** 78 - 39
6. 90 - 56	**7.** 65 - 65	**8.** 88 - 45	**9.** 61 - 53	**10.** 85 - 47
11. 33 - 15	**12.** 25 - 13	**13.** 77 - 49	**14.** 52 - 22	**15.** 34 - 22
16. 60 - 16	**17.** 63 - 52	**18.** 24 - 24	**19.** 24 - 16	**20.** 94 - 18
21. 54 - 35	**22.** 63 - 62	**23.** 75 - 39	**24.** 82 - 28	**25.** 64 - 31
26. 74 - 15	**27.** 18 - 13	**28.** 92 - 20	**29.** 51 - 29	**30.** 69 - 18
31. 54 - 48	**32.** 94 - 46	**33.** 75 - 72	**34.** 88 - 63	**35.** 89 - 85
36. 98 - 40	**37.** 83 - 57	**38.** 90 - 25	**39.** 95 - 89	**40.** 63 - 63
41. 84 - 58	**42.** 40 - 34	**43.** 91 - 69	**44.** 85 - 83	**45.** 94 - 78
46. 56 - 17	**47.** 64 - 33	**48.** 56 - 27	**49.** 70 - 66	**50.** 69 - 17

अंतर ज्ञात करें—

1. 974 - 820	2. 702 - 448	3. 460 - 283	4. 596 - 435	5. 834 - 258
6. 964 - 920	7. 950 - 649	8. 634 - 606	9. 737 - 356	10. 751 - 369
11. 623 - 583	12. 527 - 333	13. 916 - 297	14. 414 - 233	15. 973 - 407
16. 514 - 122	17. 989 - 632	18. 860 - 657	19. 720 - 296	20. 755 - 363
21. 843 - 769	22. 751 - 460	23. 840 - 835	24. 983 - 219	25. 835 - 271
26. 336 - 251	27. 604 - 451	28. 788 - 566	29. 316 - 303	30. 905 - 136
31. 873 - 437	32. 961 - 884	33. 312 - 116	34. 527 - 347	35. 970 - 778
36. 644 - 460	37. 962 - 799	38. 748 - 228	39. 760 - 439	40. 691 - 642
41. 981 - 450	42. 723 - 357	43. 846 - 464	44. 333 - 227	45. 927 - 372
46. 922 - 728	47. 825 - 107	48. 641 - 269	49. 640 - 102	50. 478 - 160

अंतर ज्ञात करें—

1. 3,777 - 1,569	2. 7,524 - 5,559	3. 6,772 - 6,676	4. 9,710 - 6,211	5. 6,867 - 6,021
6. 7,236 - 5,604	7. 5,988 - 4,181	8. 9,714 - 4,272	9. 4,348 - 2,034	10. 6,177 - 1,700
11. 5,706 - 3,587	12. 5,353 - 5,338	13. 9,560 - 1,685	14. 9,913 - 2,261	15. 5,580 - 3,855
16. 7,111 - 3,278	17. 4,390 - 2,662	18. 8,973 - 8,597	19. 2,291 - 1,642	20. 5,907 - 1,474
21. 9,897 - 3,401	22. 4,711 - 3,062	23. 5,948 - 5,325	24. 9,034 - 1,493	25. 6,727 - 4,711
26. 5,561 - 2,237	27. 4,268 - 3,946	28. 8,274 - 3,180	29. 6,152 - 2,736	30. 8,566 - 2,328
31. 6,713 - 4,648	32. 8,930 - 1,803	33. 8,457 - 5,630	34. 8,100 - 6,853	35. 8,786 - 7,120
36. 5,191 - 2,642	37. 7,500 - 4,710	38. 9,266 - 2,045	39. 6,519 - 2,328	40. 9,344 - 8,605
41. 5,846 - 2,422	42. 4,393 - 1,382	43. 7,650 - 7,251	44. 7,544 - 6,924	45. 4,826 - 3,003
46. 2,777 - 1,166	47. 5,727 - 2,603	48. 8,808 - 7,054	49. 9,521 - 8,821	50. 8,031 - 7,570

भागफल ज्ञात करें—

1. $31\overline{)9,517}$ **2.** $86\overline{)7,052}$ **3.** $47\overline{)1,927}$ **4.** $20\overline{)1,700}$ **5.** $34\overline{)1,224}$

6. $28\overline{)9,800}$ **7.** $44\overline{)7,392}$ **8.** $49\overline{)4,606}$ **9.** $42\overline{)9,912}$ **10.** $68\overline{)3,944}$

11. $42\overline{)714}$ **12.** $45\overline{)675}$ **13.** $67\overline{)8,643}$ **14.** $68\overline{)9,928}$ **15.** $30\overline{)6,420}$

16. $93\overline{)6,789}$ **17.** $22\overline{)6,776}$ **18.** $74\overline{)9,546}$ **19.** $24\overline{)240}$ **20.** $66\overline{)1,122}$

21. $54\overline{)7,722}$ **22.** $48\overline{)1,200}$ **23.** $38\overline{)4,750}$ **24.** $80\overline{)320}$ **25.** $13\overline{)2,509}$

26. $46\overline{)9,844}$ **27.** $44\overline{)6,336}$ **28.** $63\overline{)1,512}$ **29.** $38\overline{)1,786}$ **30.** $59\overline{)9,912}$

31. $55\overline{)4,235}$ **32.** $89\overline{)4,717}$ **33.** $14\overline{)5,894}$ **34.** $64\overline{)5,248}$ **35.** $75\overline{)4,275}$

36. $85\overline{)4,335}$ **37.** $78\overline{)2,652}$ **38.** $61\overline{)8,784}$ **39.** $66\overline{)2,508}$ **40.** $59\overline{)9,204}$

41. $29\overline{)6,235}$ **42.** $64\overline{)4,096}$ **43.** $34\overline{)2,414}$ **44.** $36\overline{)3,024}$ **45.** $42\overline{)9,786}$

46. $73\overline{)5,548}$ **47.** $60\overline{)1,680}$ **48.** $34\overline{)2,142}$ **49.** $30\overline{)240}$ **50.** $47\overline{)8,460}$

योग ज्ञात करें—

1. $\frac{3}{4}+\frac{1}{14}=$ __ 2. $\frac{1}{7}+\frac{9}{17}=$ __ 3. $\frac{12}{13}+\frac{8}{15}=$ __ 4. $\frac{4}{5}+\frac{14}{18}=$ __ 5. $\frac{21}{25}+\frac{3}{4}=$ __

6. $\frac{2}{4}+\frac{6}{9}=$ __ 7. $\frac{10}{11}+\frac{5}{20}=$ __ 8. $\frac{3}{10}+\frac{2}{6}=$ __ 9. $\frac{6}{20}+\frac{1}{10}=$ __ 10. $\frac{2}{3}+\frac{4}{9}=$ __

11. $\frac{5}{14}+\frac{6}{20}=$ __ 12. $\frac{6}{17}+\frac{10}{11}=$ __ 13. $\frac{3}{8}+\frac{16}{17}=$ __ 14. $\frac{1}{9}+\frac{2}{16}=$ __ 15. $\frac{1}{3}+\frac{3}{5}=$ __

16. $\frac{15}{16}+\frac{10}{14}=$ __ 17. $\frac{1}{15}+\frac{9}{10}=$ __ 18. $\frac{6}{12}+\frac{1}{4}=$ __ 19. $\frac{5}{30}+\frac{10}{16}=$ __ 20. $\frac{2}{3}+\frac{4}{5}=$ __

21. $\frac{13}{17}+\frac{6}{8}=$ __ 22. $\frac{5}{12}+\frac{2}{3}=$ __ 23. $\frac{5}{20}+\frac{5}{15}=$ __ 24. $\frac{16}{18}+\frac{2}{4}=$ __ 25. $\frac{1}{8}+\frac{14}{18}=$ __

26. $\frac{24}{25}+\frac{2}{5}=$ __ 27. $\frac{8}{16}+\frac{1}{3}=$ __ 28. $\frac{7}{14}+\frac{1}{16}=$ __ 29. $\frac{28}{40}+\frac{12}{14}=$ __ 30. $\frac{2}{8}+\frac{10}{11}=$ __

31. $\frac{5}{7}+\frac{13}{17}=$ __ 32. $\frac{2}{3}+\frac{5}{11}=$ __ 33. $\frac{3}{4}+\frac{3}{17}=$ __ 34. $\frac{5}{30}+\frac{7}{18}=$ __ 35. $\frac{10}{14}+\frac{2}{9}=$ __

36. $\frac{21}{25}+\frac{2}{7}=$ __ 37. $\frac{4}{5}+\frac{3}{5}=$ __ 38. $\frac{9}{17}+\frac{14}{20}=$ __ 39. $\frac{8}{15}+\frac{3}{4}=$ __ 40. $\frac{15}{16}+\frac{4}{6}=$ __

41. $\frac{1}{6}+\frac{9}{16}=$ __ 42. $\frac{2}{3}+\frac{9}{17}=$ __ 43. $\frac{4}{14}+\frac{8}{12}=$ __ 44. $\frac{4}{11}+\frac{5}{11}=$ __ 45. $\frac{3}{17}+\frac{2}{9}=$ __

46. $\frac{18}{40}+\frac{14}{18}=$ __ 47. $\frac{1}{8}+\frac{1}{18}=$ __ 48. $\frac{5}{17}+\frac{1}{7}=$ __ 49. $\frac{1}{4}+\frac{1}{5}=$ __ 50. $\frac{3}{15}+\frac{6}{11}=$ __

अंतर ज्ञात करें—

1. $\frac{23}{30} - \frac{3}{14} =$ __ 2. $\frac{3}{7} - \frac{6}{50} =$ __ 3. $\frac{14}{18} - \frac{1}{3} =$ __ 4. $\frac{6}{10} - \frac{4}{14} =$ __ 5. $\frac{27}{50} - \frac{15}{50} =$ __

6. $\frac{8}{11} - \frac{3}{6} =$ __ 7. $\frac{13}{18} - \frac{1}{4} =$ __ 8. $\frac{6}{9} - \frac{2}{40} =$ __ 9. $\frac{3}{4} - \frac{7}{10} =$ __ 10. $\frac{6}{7} - \frac{5}{18} =$ __

11. $\frac{3}{6} - \frac{14}{20} =$ __ 12. $\frac{10}{14} - \frac{13}{50} =$ __ 13. $\frac{5}{9} - \frac{3}{14} =$ __ 14. $\frac{11}{12} - \frac{4}{17} =$ __ 15. $\frac{11}{20} - \frac{4}{12} =$ __

16. $\frac{12}{25} - \frac{11}{25} =$ __ 17. $\frac{5}{18} - \frac{13}{50} =$ __ 18. $\frac{10}{12} - \frac{5}{8} =$ __ 19. $\frac{5}{8} - \frac{16}{40} =$ __ 20. $\frac{12}{14} - \frac{7}{14} =$ __

21. $\frac{14}{16} - \frac{19}{30} =$ __ 22. $\frac{5}{40} - \frac{2}{25} =$ __ 23. $\frac{8}{9} - \frac{4}{5} =$ __ 24. $\frac{12}{25} - \frac{1}{4} =$ __ 25. $\frac{15}{20} - \frac{1}{8} =$ __

26. $\frac{1}{2} - \frac{22}{50} =$ __ 27. $\frac{6}{25} - \frac{2}{12} =$ __ 28. $\frac{3}{11} - \frac{1}{14} =$ __ 29. $\frac{5}{18} - \frac{1}{20} =$ __ 30. $\frac{6}{7} - \frac{15}{18} =$ __

31. $\frac{4}{15} - \frac{1}{9} =$ __ 32. $\frac{17}{18} - \frac{18}{25} =$ __ 33. $\frac{5}{6} - \frac{14}{17} =$ __ 34. $\frac{28}{40} - \frac{2}{40} =$ __ 35. $\frac{4}{6} - \frac{2}{6} =$ __

36. $\frac{3}{11} - \frac{3}{16} =$ __ 37. $\frac{5}{9} - \frac{4}{18} =$ __ 38. $\frac{2}{3} - \frac{4}{9} =$ __ 39. $\frac{4}{11} - \frac{1}{5} =$ __ 40. $\frac{6}{7} - \frac{8}{12} =$ __

41. $\frac{23}{40} - \frac{3}{6} =$ __ 42. $\frac{3}{12} - \frac{1}{30} =$ __ 43. $\frac{10}{16} - \frac{5}{50} =$ __ 44. $\frac{16}{18} - \frac{3}{10} =$ __ 45. $\frac{6}{11} - \frac{2}{10} =$ __

46. $\frac{10}{11} - \frac{7}{20} =$ __ 47. $\frac{4}{5} - \frac{13}{25} =$ __ 48. $\frac{14}{15} - \frac{4}{6} =$ __ 49. $\frac{11}{18} - \frac{20}{30} =$ __ 50. $\frac{8}{8} - \frac{1}{18} =$ __

योग ज्ञात करें—

1. 3.832 + 7.909	2. 927.3 + 556.5	3. 597.4 + 269.7	4. 4.082 + 9.356	5. 156.0 + 485.5
6. 158.4 + 847.9	7. 9.164 + 8.544	8. 3.667 + 7.780	9. 41.51 + 70.44	10. 92.07 + 70.86
11. 2.081 + 1.039	12. 95.82 + 87.90	13. 272.7 + 236.1	14. 48.01 + 54.28	15. 8.601 +6.936
16. 9.972 + 4.593	17. 490.3 + 334.2	18. 8.619 + 6.017	19. 27.76 + 88.40	20. 2.519 + 3.751
21. 79.58 + 57.59	22. 22.42 + 49.01	23. 7.435 + 7.219	24. 18.65 + 53.53	25. 76.62 + 97.99
26. 63.25 + 31.26	27. 33.47 + 31.42	28. 27.81 + 37.94	29. 832.5 + 148.4	30. 38.39 + 46.14
31. 78.94 + 86.53	32. 17.57 + 46.24	33. 48.82 + 69.89	34. 4.577 + 6.823	35. 9.924 + 7.649
36. 6.004 + 5.310	37. 5.526 + 6.457	38. 91.27 + 63.21	39. 879.6 + 568.3	40. 2.356 + 5.507
41. 1.497 + 9.447	42. 776.6 + 880.1	43. 1.611 + 7.846	44. 224.7 + 276.1	45. 15.62 + 58.26
46. 769.1 + 229.3	47. 6.002 + 7.905	48. 5.855 + 9.304	49. 50.04 + 76.17	50. 1.019 + 1.446

अंतर ज्ञात करें—

1. 930.9 - 372.9
2. 939.8 - 795.1
3. 7.753 - 1.031
4. 9.832 - 6.398
5. 6.798 - 2.159
6. 7.235 - 4.055
7. 8.090 - 4.490
8. 96.77 - 46.83
9. 8.553 - 8.341
10. 53.16 - 42.69
11. 623.8 - 515.2
12. 9.498 - 5.768
13. 7.676 - 4.446
14. 59.98 - 59.32
15. 899.2 - 474.1
16. 62.47 - 58.35
17. 479.3 - 350.7
18. 86.65 - 83.16
19. 59.20 - 17.76
20. 8.056 - 3.159
21. 5.690 - 4.812
22. 7.249 - 7.132
23. 94.74 - 37.32
24. 8.183 - 5.547
25. 75.53 - 47.82
26. 6.893 - 6.345
27. 752.7 - 585.0
28. 73.18 - 31.37
29. 405.5 - 318.9
30. 922.6 - 363.5
31. 8.009 - 1.376
32. 830.9 - 220.4
33. 88.80 - 74.73
34. 79.18 - 67.49
35. 9.001 - 2.400
36. 35.79 - 12.80
37. 181.0 - 132.3
38. 4.756 - 1.784
39. 6.824 - 5.750
40. 9.969 - 8.972
41. 967.1 - 512.7
42. 9.954 - 3.535
43. 83.49 - 35.53
44. 766.7 - 157.0
45. 2.065 - 1.096
46. 70.86 - 28.00
47. 29.53 - 25.41
48. 5.379 - 4.131
49. 63.51 - 17.42
50. 996.3 - 827.3

गुणनफल ज्ञात करें—

1. 59 × 31	**2.** 0.29 × 7.9	**3.** 86 × 0.54	**4.** 4.7 × 1.6	**5.** 9.7 × 0.28
6. 0.64 × 8.0	**7.** 61 × 12	**8.** 0.77 × 6.5	**9.** 8.8 × 0.52	**10.** 0.38 × 5.1
11. 5.8 × 29	**12.** 2.0 × 0.43	**13.** 0.78 × 0.78	**14.** 31 × 3.6	**15.** 5.3 × 0.68
16. 28 × 39	**17.** 2.8 × 9.3	**18.** 6.8 × 0.56	**19.** 8.5 × 5.6	**20.** 15 × 32
21. 0.64 × 7.6	**22.** 49 × 82	**23.** 63 × 78	**24.** 53 × 56	**25.** 8.4 × 5.9
26. 0.30 × 38	**27.** 5.2 × 44	**28.** 0.93 × 0.31	**29.** 0.67 × 0.67	**30.** 0.57 × 30
31. 0.67 × 94	**32.** 0.14 × 0.44	**33.** 0.96 × 0.66	**34.** 55 × 2.9	**35.** 7.7 × 3.7
36. 1.2 × 54	**37.** 95 × 0.81	**38.** 6.0 × 7.5	**39.** 4.0 × 0.13	**40.** 8.9 × 91
41. 0.58 × 0.81	**42.** 0.29 × 0.93	**43.** 0.12 × 0.45	**44.** 0.33 × 7.9	**45.** 0.10 × 5.6
46. 0.36 × 17	**47.** 5.6 × 26	**48.** 0.59 × 0.89	**49.** 88 × 0.9	**50.** 3.3 × 5.9

गुणनफल ज्ञात करें—

1. 5.47 × 43.1	2. 675 × 39.6	3. 819 × 226	4. 45.6 × 53.5	5. 3.83 × 10.6
6. 9.86 × 6.00	7. 7.93 × 5.08	8. 9.11 × 2.15	9. 132 × 175	10. 24.5 × 700
11. 208 × 58.1	12. 78.2 × 104	13. 9.81 × 6.87	14. 74.1 × 4.08	15. 331 × 80.6
16. 20.0 × 27.5	17. 611 × 286	18. 9.32 × 3.57	19. 153 × 63.6	20. 97.0 × 41.9
21. 660 × 680	22. 765 × 37.3	23. 200 × 825	24. 8.09 × 31.5	25. 6.45 × 82.6
26. 53.6 × 6.63	27. 2.50 × 437	28. 63.8 × 965	29. 64.8 × 6.72	30. 414 × 23.3
31. 48.4 × 1.48	32. 30.5 × 576	33. 90.5 × 812	34. 98.8 × 6.08	35. 5.76 × 655
36. 163 × 4.95	37. 2.03 × 82.5	38. 14.1 × 527	39. 81.5 × 510	40. 903 × 25.6
41. 8.77 × 527	42. 76.2 × 50.4	43. 3.71 × 536	44. 126 × 27.5	45. 647 × 96.6
46. 708 × 4.80	47. 323 × 83.8	48. 9.34 × 61.2	49. 47.6 × 2.90	50. 467 × 38.7

भागफल ज्ञात करें—

1. $5.5\overline{)9.89}$ **2.** $0.17\overline{)90.8}$ **3.** $0.39\overline{)23.0}$ **4.** $0.62\overline{)36.2}$ **5.** $1.5\overline{)1.64}$

6. $0.98\overline{)60.0}$ **7.** $0.66\overline{)53.4}$ **8.** $9.3\overline{)79.0}$ **9.** $1.6\overline{)2.91}$ **10.** $6.0\overline{)61.3}$

11. $0.35\overline{)77.4}$ **12.** $2.9\overline{)2.23}$ **13.** $0.98\overline{)2.96}$ **14.** $0.48\overline{)7.21}$ **15.** $8.2\overline{)2.50}$

16. $4.8\overline{)2.12}$ **17.** $0.91\overline{)23.4}$ **18.** $4.5\overline{)65.1}$ **19.** $0.38\overline{)4.72}$ **20.** $6.7\overline{)82.7}$

21. $7.9\overline{)46.9}$ **22.** $0.36\overline{)9.57}$ **23.** $1.1\overline{)6.05}$ **24.** $0.78\overline{)2.40}$ **25.** $4.6\overline{)12.1}$

26. $9.2\overline{)33.3}$ **27.** $0.63\overline{)35.0}$ **28.** $7.3\overline{)9.83}$ **29.** $7.1\overline{)43.3}$ **30.** $0.23\overline{)87.4}$

31. $8.7\overline{)67.4}$ **32.** $0.33\overline{)47.5}$ **33.** $2.2\overline{)93.4}$ **34.** $0.61\overline{)8.54}$ **35.** $4.4\overline{)11.8}$

36. $0.90\overline{)56.6}$ **37.** $0.93\overline{)32.8}$ **38.** $9.7\overline{)2.37}$ **39.** $8.5\overline{)3.94}$ **40.** $2.8\overline{)68.2}$

41. $9.3\overline{)8.53}$ **42.** $0.78\overline{)4.58}$ **43.** $0.28\overline{)59.4}$ **44.** $0.59\overline{)2.33}$ **45.** $9.0\overline{)9.38}$

46. $0.74\overline{)1.16}$ **47.** $0.69\overline{)50.5}$ **48.** $0.58\overline{)10.2}$ **49.** $7.1\overline{)4.19}$ **50.** $4.8\overline{)4.31}$

दशमलव में बदलें—

1. $\frac{8}{19}=$ ____ 2. $\frac{1}{7}=$ ____ 3. $\frac{3}{17}=$ ____ 4. $\frac{3}{21}=$ ____ 5. $\frac{18}{23}=$ ____

6. $\frac{1}{3}=$ ____ 7. $\frac{3}{13}=$ ____ 8. $\frac{13}{19}=$ ____ 9. $\frac{5}{11}=$ ____ 10. $\frac{12}{13}=$ ____

11. $\frac{5}{21}=$ ____ 12. $\frac{2}{19}=$ ____ 13. $\frac{16}{17}=$ ____ 14. $\frac{5}{7}=$ ____ 15. $\frac{13}{23}=$ ____

16. $\frac{2}{3}=$ ____ 17. $\frac{9}{13}=$ ____ 18. $\frac{7}{11}=$ ____ 19. $\frac{6}{17}=$ ____ 20. $\frac{3}{7}=$ ____

21. $\frac{11}{21}=$ ____ 22. $\frac{7}{23}=$ ____ 23. $\frac{4}{19}=$ ____ 24. $\frac{16}{21}=$ ____ 25. $\frac{7}{19}=$ ____

26. $\frac{10}{11}=$ ____ 27. $\frac{8}{23}=$ ____ 28. $\frac{2}{13}=$ ____ 29. $\frac{2}{11}=$ ____ 30. $\frac{6}{7}=$ ____

31. $\frac{11}{19}=$ ____ 32. $\frac{2}{17}=$ ____ 33. $\frac{5}{13}=$ ____ 34. $\frac{1}{11}=$ ____ 35. $\frac{10}{19}=$ ____

36. $\frac{13}{17}=$ ____ 37. $\frac{7}{21}=$ ____ 38. $\frac{1}{19}=$ ____ 39. $\frac{16}{23}=$ ____ 40. $\frac{4}{7}=$ ____

41. $\frac{9}{11}=$ ____ 42. $\frac{18}{21}=$ ____ 43. $\frac{19}{23}=$ ____ 44. $\frac{1}{13}=$ ____ 45. $\frac{10}{17}=$ ____

46. $\frac{3}{23}=$ ____ 47. $\frac{4}{17}=$ ____ 48. $\frac{17}{21}=$ ____ 49. $\frac{6}{19}=$ ____ 50. $\frac{6}{21}=$ ____

दशमलव में बदलें—

1. 30% = ____	**2.** 18% = ____	**3.** 55% = ____	**4.** 9% = ____	**5.** 22% = ____
6. 40% = ____	**7.** 17% = ____	**8.** 6% = ____	**9.** 5% = ____	**10.** 74% = ____
11. 66% = ____	**12.** 94% = ____	**13.** 44% = ____	**14.** 96% = ____	**15.** 24% = ____
16. 20% = ____	**17.** 72% = ____	**18.** 64% = ____	**19.** 48% = ____	**20.** 29% = ____
21. 70% = ____	**22.** 73% = ____	**23.** 75% = ____	**24.** 83% = ____	**25.** 93% = ____
26. 12% = ____	**27.** 4% = ____	**28.** 28% = ____	**29.** 14% = ____	**30.** 53% = ____
31. 81% = ____	**32.** 85% = ____	**33.** 97% = ____	**34.** 25% = ____	**35.** 86% = ____
36. 51% = ____	**37.** 61% = ____	**38.** 77% = ____	**39.** 34% = ____	**40.** 71% = ____
41. 79% = ____	**42.** 45% = ____	**43.** 11% = ____	**44.** 65% = ____	**45.** 36% = ____
46. 47% = ____	**47.** 57% = ____	**48.** 95% = ____	**49.** 1% = ____	**50.** 35% = ____

दिए गए प्रतिशत का मान ज्ञात करो—

1. 9 का 55 प्रतिशत = ...
2. 4 का 73 प्रतिशत = ...
3. 6 का 20 प्रतिशत = ...
4. 2 का 66 प्रतिशत = ...
5. 55 का 51प्रतिशत = ...
6. 398 का 58 प्रतिशत = ...
7. 602 का 98 प्रतिशत = ...
8. 7 का 28 प्रतिशत = ...
9. 974 का 27 प्रतिशत = ...
10. 928 का 72 प्रतिशत = ...
11. 4 का 52 प्रतिशत = ...
12. 9 का 78 प्रतिशत = ...
13. 4 का 33 प्रतिशत = ...
14. 206 का 97 प्रतिशत = ...
15. 964 का 61 प्रतिशत = ...
16. 483 का 56 प्रतिशत = ...
17. 4 का 66 प्रतिशत = ...
18. 220 का 11 प्रतिशत = ...
19. 7 का 64 प्रतिशत = ...
20. 6 का 66 प्रतिशत = ...
21. 48 का 53 प्रतिशत = ...
22. 5 का 10 प्रतिशत = ...
23. 7 का 23 प्रतिशत = ...
24. 735 का 64 प्रतिशत = ...
25. 6 का 87 प्रतिशत = ...
26. 9 का 10 प्रतिशत = ...
27. 585 का 33 प्रतिशत = ...
28. 90 का 11 प्रतिशत = ...
29. 312 का 47 प्रतिशत = ...
30. 8 का 94 प्रतिशत = ...
31. 13 का 44 प्रतिशत = ...
32. 58 का 89 प्रतिशत = ...
33. 589 का 58 प्रतिशत = ...
34. 5 का 55 प्रतिशत = ...
35. 963 का 73 प्रतिशत = ...
36. 90 का 26 प्रतिशत = ...
37. 362 का 66 प्रतिशत = ...
38. 76 का 51 प्रतिशत = ...
39. 6 का 58 प्रतिशत = ...
40. 414 का 98 प्रतिशत = ...
41. 32 का 28 प्रतिशत = ...
42. 148 का 27 प्रतिशत = ...
43. 841 का 72 प्रतिशत = ...
44. 79 का 52 प्रतिशत = ...
45. 969 का 78 प्रतिशत = ...
46. 1 का 33 प्रतिशत = ...
47. 42 का 97 प्रतिशत = ...
48. 5 का 61 प्रतिशत = ...
49. 7 का 56 प्रतिशत = ...
50. 634 का 66 प्रतिशत = ...

प्रत्येक अनुपात के लिए रूपांतर ज्ञात करें—

1.

	अनुपात	भिन्न	प्रतिशत	दशमलव
a		5/6		
b		2/4		
c		5/5		
d		1/4		
e			66.7%	
f			33.3%	
g	8:9			
h				0.8
i		6/7		
j	5:10			

2.

	अनुपात	भिन्न	प्रतिशत	दशमलव
a		1/1		
b	3:5			
c		3/7		
d		1/4		
e		2/4		
f				0.143
g		6/9		
h		4/9		
i			90%	
j		5/10		

3.

	अनुपात	भिन्न	प्रतिशत	दशमलव
a			71.4%	
b		1/4		
c		5/9		
d			87.5%	
e				0.5
f				0.667
g	2:3			
h			100%	
i	4:5			
j		6/7		

4.

	अनुपात	भिन्न	प्रतिशत	दशमलव
a		4/10		
b		4/6		
c				0.6
d				0.333
e	5:8			
f		4/4		
g				0.9
h			66.7%	
i				0.5
j	2:4			

भाज्यता ज्ञात करें कि भाज्य, भाजक से विभाज्य है या नहीं—

1. 77)2,387	**2.** 96)1,248	**3.** 68)4,488	**4.** 40)3,040	**5.** 25)1,750
6. 46)2,254	**7.** 80)5,120	**8.** 38)2,546	**9.** 19)1,178	**10.** 92)5,244
11. 53)636	**12.** 68)6,460	**13.** 57)5,130	**14.** 61)2,074	**15.** 69)4,002
16. 19)437	**17.** 13)156	**18.** 69)5,313	**19.** 91)6,552	**20.** 78)4,524
21. 53)2,438	**22.** 47)1,269	**23.** 29)1,450	**24.** 61)2,196	**25.** 85)3,825
26. 35)490	**27.** 90)2,700	**28.** 78)5,928	**29.** 62)744	**30.** 56)4,256
31. 16)272	**32.** 18)1,188	**33.** 47)3,713	**34.** 95)5,605	**35.** 75)3,450
36. 83)3,735	**37.** 15)270	**38.** 65)3,380	**39.** 78)1,404	**40.** 41)1,435
41. 48)1,680	**42.** 34)544	**43.** 32)2,624	**44.** 33)3,036	**45.** 26)2,340
46. 27)351	**47.** 53)2,491	**48.** 40)3,200	**49.** 65)6,045	**50.** 14)1,120

मान ज्ञात करें—

1. 92^2 = ____	2. 9^2 = ____	3. 53^2 = ____	4. 8^2 = ____	5. 5^2 = ____
6. 12^2 = ____	7. 4^2 = ____	8. 7^2 = ____	9. 6^2 = ____	10. 20^2 = ____
11. 52^2 = ____	12. 3^2 = ____	13. 70^2 = ____	14. 75^2 = ____	15. 56^2 = ____
16. 59^2 = ____	17. 64^2 = ____	18. 85^2 = ____	19. 17^2 = ____	20. 55^2 = ____
21. 15^2 = ____	22. 99^2 = ____	23. 80^2 = ____	24. 2^2 = ____	25. 76^2 = ____
26. 79^2 = ____	27. 1^2 = ____	28. 63^2 = ____	29. 30^2 = ____	30. 62^2 = ____
31. 95^2 = ____	32. 50^2 = ____	33. 58^2 = ____	34. 78^2 = ____	35. 67^2 = ____
36. 37^2 = ____	37. 87^2 = ____	38. 66^2 = ____	39. 27^2 = ____	40. 31^2 = ____
41. 10^2 = ____	42. 90^2 = ____	43. 19^2 = ____	44. 82^2 = ____	45. 88^2 = ____
46. 16^2 = ____	47. 48^2 = ____	48. 43^2 = ____	49. 14^2 = ____	50. 60^2 = ____

मान ज्ञात करें—

1. 638^2 = ____ **2.** 990^2 = ____ **3.** 218^2 = ____ **4.** 373^2 = ____

5. 404^2 = ____ **6.** 426^2 = ____ **7.** 328^2 = ____ **8.** 392^2 = ____

9. 758^2 = ____ **10.** 298^2 = ____ **11.** 108^2 = ____ **12.** 796^2 = ____

13. 873^2 = ____ **14.** 416^2 = ____ **15.** 260^2 = ____ **16.** 242^2 = ____

17. 527^2 = ____ **18.** 467^2 = ____ **19.** 179^2 = ____ **20.** 217^2 = ____

21. 862^2 = ____ **22.** 559^2 = ____ **23.** 696^2 = ____ **24.** 736^2 = ____

25. 281^2 = ____ **26.** 987^2 = ____ **27.** 159^2 = ____ **28.** 907^2 = ____

29. 529^2 = ____ **30.** 949^2 = ____ **31.** 269^2 = ____ **32.** 875^2 = ____

33. 888^2 = ____ **34.** 475^2 = ____ **35.** 358^2 = ____ **36.** 393^2 = ____

37. 751^2 = ____ **38.** 306^2 = ____ **39.** 936^2 = ____ **40.** 610^2 = ____

41. 625^2 = ____ **42.** 157^2 = ____ **43.** 810^2 = ____ **44.** 596^2 = ____

45. 303^2 = ____ **46.** 284^2 = ____ **47.** 900^2 = ____ **48.** 112^2 = ____

49. 521^2 = ____ **50.** 779^2 = ____

मान ज्ञात करें—

1. 56^3 = ____ 2. 25^3 = ____ 3. 4^3 = ____ 4. 8^3 = ____

5. 5^3 = ____ 6. 44^3 = ____ 7. 1^3 = ____ 8. 7^3 = ____

9. 9^3 = ____ 10. 34^3 = ____ 11. 18^3 = ____ 12. 45^3 = ____

13. 17^3 = ____ 14. 67^3 = ____ 15. 77^3 = ____ 16. 15^3 = ____

17. 52^3 = ____ 18. 6^3 = ____ 19. 2^3 = ____ 20. 49^3 = ____

21. 23^3 = ____ 22. 72^3 = ____ 23. 37^3 = ____ 24. 36^3 = ____

25. 69^3 = ____ 26. 13^3 = ____ 27. 97^3 = ____ 28. 81^3 = ____

29. 98^3 = ____ 30. 3^3 = ____ 31. 32^3 = ____ 32. 70^3 = ____

33. 43^3 = ____ 34. 31^3 = ____ 35. 80^3 = ____ 36. 87^3 = ____

37. 99^3 = ____ 38. 38^3 = ____ 39. 30^3 = ____ 40. 62^3 = ____

41. 29^3 = ____ 42. 93^3 = ____ 43. 85^3 = ____ 44. 94^3 = ____

45. 57^3 = ____ 46. 54^3 = ____ 47. 90^3 = ____ 48. 16^3 = ____

49. 22^3 = ____ 50. 73^3 = ____

वर्गमूल ज्ञात करें—

1. $\sqrt{7,056}$ = ____ 2. $\sqrt{1,225}$ = ____ 3. $\sqrt{5,184}$ = ____ 4. $\sqrt{7,396}$ = ____

5. $\sqrt{2,401}$ = ____ 6. $\sqrt{8,649}$ = ____ 7. $\sqrt{5,476}$ = ____ 8. $\sqrt{1,089}$ = ____

9. $\sqrt{9,025}$ = ____ 10. $\sqrt{1,681}$ = ____ 11. $\sqrt{3,249}$ = ____ 12. $\sqrt{1,296}$ = ____

13. $\sqrt{2,500}$ = ____ 14. $\sqrt{2,916}$ = ____ 15. $\sqrt{3,481}$ = ____ 16. $\sqrt{6,561}$ = ____

17. $\sqrt{2,304}$ = ____ 18. $\sqrt{7,569}$ = ____ 19. $\sqrt{4,900}$ = ____ 20. $\sqrt{10,000}$ = ____

21. $\sqrt{4,225}$ = ____ 22. $\sqrt{1,849}$ = ____ 23. $\sqrt{9,409}$ = ____ 24. $\sqrt{5,625}$ = ____

25. $\sqrt{4,624}$ = ____ 26. $\sqrt{2,601}$ = ____ 27. $\sqrt{6,400}$ = ____ 28. $\sqrt{4,489}$ = ____

29. $\sqrt{8,836}$ = ____ 30. $\sqrt{5,929}$ = ____ 31. $\sqrt{7,921}$ = ____ 32. $\sqrt{8,464}$ = ____

33. $\sqrt{1,369}$ = ____ 34. $\sqrt{3,844}$ = ____ 35. $\sqrt{7,744}$ = ____ 36. $\sqrt{9,216}$ = ____

37. $\sqrt{3,600}$ = ____ 38. $\sqrt{2,704}$ = ____ 39. $\sqrt{1,764}$ = ____ 40. $\sqrt{1,444}$ = ____

41. $\sqrt{3,721}$ = ____ 42. $\sqrt{3,025}$ = ____ 43. $\sqrt{4,356}$ = ____ 44. $\sqrt{9,801}$ = ____

45. $\sqrt{5,329}$ = ____ 46. $\sqrt{1,936}$ = ____ 47. $\sqrt{3,136}$ = ____ 48. $\sqrt{5,041}$ = ____

49. $\sqrt{3,364}$ = ____ 50. $\sqrt{6,241}$ = ____

दशमलव के दो स्थानों तक वर्गमूल ज्ञात करें—

1. $\sqrt{2,747}$ = ______
2. $\sqrt{2,747}$ = ______
3. $\sqrt{1,249}$ = ______
4. $\sqrt{3,541}$ = ______
5. $\sqrt{3,780}$ = ______
6. $\sqrt{6,385}$ = ______
7. $\sqrt{6,365}$ = ______
8. $\sqrt{9,218}$ = ______
9. $\sqrt{5,029}$ = ______
10. $\sqrt{4,115}$ = ______
11. $\sqrt{1,559}$ = ______
12. $\sqrt{5,703}$ = ______
13. $\sqrt{4,079}$ = ______
14. $\sqrt{4,046}$ = ______
15. $\sqrt{9,518}$ = ______
16. $\sqrt{5,702}$ = ______
17. $\sqrt{3,963}$ = ______
18. $\sqrt{6,024}$ = ______
19. $\sqrt{3,251}$ = ______
20. $\sqrt{5,617}$ = ______
21. $\sqrt{6,012}$ = ______
22. $\sqrt{8,501}$ = ______
23. $\sqrt{1,672}$ = ______
24. $\sqrt{9,154}$ = ______
25. $\sqrt{2,140}$ = ______
26. $\sqrt{6,783}$ = ______
27. $\sqrt{3,466}$ = ______
28. $\sqrt{5,544}$ = ______
29. $\sqrt{4,438}$ = ______
30. $\sqrt{7,048}$ = ______
31. $\sqrt{3,065}$ = ______
32. $\sqrt{4,006}$ = ______
33. $\sqrt{9,038}$ = ______
34. $\sqrt{2,905}$ = ______
35. $\sqrt{9,270}$ = ______
36. $\sqrt{1,081}$ = ______
37. $\sqrt{6,150}$ = ______
38. $\sqrt{7,316}$ = ______
39. $\sqrt{2,493}$ = ______
40. $\sqrt{7,452}$ = ______
41. $\sqrt{1,636}$ = ______
42. $\sqrt{3,846}$ = ______
43. $\sqrt{3,654}$ = ______
44. $\sqrt{3,602}$ = ______
45. $\sqrt{3,539}$ = ______
46. $\sqrt{9,980}$ = ______
47. $\sqrt{3,534}$ = ______
48. $\sqrt{8,623}$ = ______
49. $\sqrt{1,561}$ = ______
50. $\sqrt{3,639}$ = ______

घनमूल ज्ञात करें—

1. $\sqrt[3]{614,125}$ = ______ 2. $\sqrt[3]{405,224}$ = ______ 3. $\sqrt[3]{830,584}$ = ______

4. $\sqrt[3]{753,571}$ = ______ 5. $\sqrt[3]{166,375}$ = ______ 6. $\sqrt[3]{373,248}$ = ______

7. $\sqrt[3]{704,969}$ = ______ 8. $\sqrt[3]{884,736}$ = ______ 9. $\sqrt[3]{636,056}$ = ______

10. $\sqrt[3]{140,608}$ = ______ 11. $\sqrt[3]{97,336}$ = ______ 12. $\sqrt[3]{216,000}$ = ______

13. $\sqrt[3]{474,552}$ = ______ 14. $\sqrt[3]{175,616}$ = ______ 15. $\sqrt[3]{117,649}$ = ______

16. $\sqrt[3]{328,509}$ = ______ 17. $\sqrt[3]{314,432}$ = ______ 18. $\sqrt[3]{512,000}$ = ______

19. $\sqrt[3]{912,673}$ = ______ 20. $\sqrt[3]{148,877}$ = ______ 21. $\sqrt[3]{592,704}$ = ______

22. $\sqrt[3]{729,000}$ = ______ 23. $\sqrt[3]{778,688}$ = ______ 24. $\sqrt[3]{132,651}$ = ______

25. $\sqrt[3]{658,503}$ = ______ 26. $\sqrt[3]{438,976}$ = ______ 27. $\sqrt[3]{456,533}$ = ______

28. $\sqrt[3]{571,787}$ = ______ 29. $\sqrt[3]{103,823}$ = ______ 30. $\sqrt[3]{238,328}$ = ______

31. $\sqrt[3]{262,144}$ = ______ 32. $\sqrt[3]{125,000}$ = ______ 33. $\sqrt[3]{343,000}$ = ______

34. $\sqrt[3]{274,625}$ = ______ 35. $\sqrt[3]{300,763}$ = ______ 36. $\sqrt[3]{804,357}$ = ______

37. $\sqrt[3]{493,039}$ = ______ 38. $\sqrt[3]{389,017}$ = ______ 39. $\sqrt[3]{287,496}$ = ______

40. $\sqrt[3]{531,441}$ = ______ 41. $\sqrt[3]{970,299}$ = ______ 42. $\sqrt[3]{941,192}$ = ______

43. $\sqrt[3]{157,464}$ = ______ 44. $\sqrt[3]{1,000,000}$ = ______ 45. $\sqrt[3]{226,981}$ = ______

46. $\sqrt[3]{681,472}$ = ______ 47. $\sqrt[3]{110,592}$ = ______ 48. $\sqrt[3]{185,193}$ = ______

49. $\sqrt[3]{857,375}$ = ______ 50. $\sqrt[3]{195,112}$ = ______

मान ज्ञात करें—

1. 2^4 = ________
2. 9^4 = ________
3. 59^4 = ________
4. 32^4 = ________
5. 4^4 = ________
6. 20^4 = ________
7. 23^4 = ________
8. 3^4 = ________
9. 49^4 = ________
10. 60^4 = ________
11. 50^4 = ________
12. 63^4 = ________
13. 87^4 = ________
14. 8^4 = ________
15. 1^4 = ________
16. 47^4 = ________
17. 6^4 = ________
18. 7^4 = ________
19. 35^4 = ________
20. 62^4 = ________
21. 89^4 = ________
22. 42^4 = ________
23. 22^4 = ________
24. 70^4 = ________
25. 51^4 = ________
26. 31^4 = ________
27. 48^4 = ________
28. 64^4 = ________
29. 68^4 = ________
30. 5^4 = ________
31. 82^4 = ________
32. 34^4 = ________
33. 11^4 = ________
34. 28^4 = ________
35. 95^4 = ________
36. 66^4 = ________
37. 33^4 = ________
38. 55^4 = ________
39. 77^4 = ________
40. 18^4 = ________
41. 61^4 = ________
42. 14^4 = ________
43. 39^4 = ________
44. 74^4 = ________
45. 96^4 = ________
46. 38^4 = ________
47. 76^4 = ________
48. 85^4 = ________
49. 83^4 = ________
50. 57^4 = ________

गुणन करें—

1. $(-3u+5v)(-3u+8v)$
2. $(-5-x+y)(-3x-7y)$
3. $(-a-8b)(2a+7b)$
4. $(-4m-6n)(-m-8n)$
5. $(6x+5y)(-6x+7y)$
6. $(-u-8v)(7u+v)$
7. $(5x+y)(3x-6y)$
8. $(6x+5y)(7x-3y)$
9. $(-5x+2y)(7x+5y)$
10. $(2a+6b)(5a+b)$
11. $(x+3y)(-3x-4y)$
12. $(-6a-2b)(-a-6b)$
13. $(2a+3b)(-4a-6b)$
14. $(-5a-7b)(-6a-7b)$
15. $(2x-3y)(-x-4y)$
16. $(6u-v)(-7u+7v)$
17. $(-u-3v)(-8u-v)$
18. $(8x-7y)(-x-2y)$
19. $(8x+3y)(7x-y)$
20. $(-2x+8y)(-7x+8y)$
21. $(m+4n)(-6m-3n)$
22. $(-2x-2y)(2x-3y)$
23. $(2x+6y)(8x-5y)$
24. $(8u-4v)(8u+v)$
25. $(3a-4b)(-a-8b)$
26. $(8x+8y)(-x-5y)$
27. $(8x-8y)(-6x-3y)$
28. $(2x+4y)(-4x+2y)$
29. $(5x+7y)(4x-5y)$
30. $(4a-7b)(4a-5b)$
31. $(-5a-3b)(2a+5b)$
32. $(-3x-8y)(-7x-4y)$
33. $(7u+2v)(-6u-v)$
34. $(x-y)(-x-8y)$
35. $(3x-3y)(-5x+2y)$
36. $(6x-8y)(-x-7y)$
37. $(5x+3y)(8x-7y)$
38. $(-a+4b)(-4a-4b)$
39. $(-2u-5v)(3u-4v)$
40. $(7x-y)(5x+8y)$
41. $(2x+5y)(7x-7y)$
42. $(6x-6y)(x+6y)$
43. $(4a-b)(a+3b)$
44. $(-8x-2y)(-2x+5y)$
45. $(3x+5y)(-7x+4y)$
46. $(-u-2v)(7u+2v)$
47. $(-3x-8y)(-8x+y)$
48. $(-3a+2b)(7a-3b)$
49. $(4a+8b)(-4a-5b)$
50. $(-5x-2y)(7x-8y)$

प्रत्येक अभिव्यक्ति को सरल करें—

1. $(6n^3 + 3n) - (3n + 5n^3) + (5n^3 - 6n)$
2. $(5 + 4k^3) + (k - 1) + (1 - 5k^3)$
2. $(5x^3 + 2x^2) - (3x + 8x^3) + (6x^2 + 8x^3)$
4. $(6x^3 - 6x) + (4x - 4x^3) + (x - x^3)$
5. $(8 - 3n^2) + (8n^4 - n) - (4 - 6n^2)$
6. $(3n^4 - 5) - (2n - 3n^4) + (3 - 8n^4)$
7. $(3 - n^3) - (5n + 6) + (3 + 4n)$
8. $(5x^3 + 6) - (x^3 - 2) + (x^3 + 2x^4)$
9. $(7m^4 - 3m^2) + (m^4 + 7m^3) + (8m^4 - 5m^3)$
10. $(6 + 7a^2) - (8 + 3a^2) + (8 - 8a^2)$
11. $(7x^4 - 8x^2) + (x^3 + 7x^2) - (7x^3 + 4x^4)$
12. $(6x^3 - 7x) - (3x + 2x^3) + (2x^3 + 5x)$
13. $(6 - 4x^2) - (3 - 6x^2) + (5x^2 - 5)$
14. $(8n - 5n^3) - (8n^3 + 5n) - (7n + 2n^3)$
15. $(6x + 3x^2) + (x - 5x^2) - (2x - 2x^2)$
16. $(7x^4 + x) - (6x^4 + 6x^2) + (x^2 - 6x)$
17. $(7x^4 - 5x^2) + (6x^4 + 6x^2) - (x^3 - 6x^4)$
18. $(6p^4 + 6p^3) - (4p - 4p^3) - (8p^2 - p^3)$
19. $(8m - 8m^4) + (4m^4 + 6m) + (4m^4 + 3m)$
20. $(7n^2 - 4n^3) + (3n^2 + 3n^3) + (6n^3 + 7n^3)$
21. $(5 + 4r^2) - (2r^2 + 6) - (6r^2 + 8)$
22. $(3r^2 + 7r^2) + (5r^2 + 4r^2) + (6r^3 + 6r^3)$
23. $(8 - n^4) + (7 - 5n^4) + (6n^4 + 7)$
24. $(6v^4 + 3v^2) - (v^4 + 2v^2) - (3v^4 + 7)$
25. $(6m + 5m^2) - (m^2 + 2m^4) + (8m + m^4)$
26. $(2 - x^2) + (x^2 + 6) + (4 - 3x^2)$
27. $(6k + 4k^2) - (3k + 3k^4) + (6k^4 + 4k^2)$
28. $(6 + 3n) - (8 + 3n) - (n - 3)$
29. $(4 - 6n^2) - (2n^2 - 6) - (n - 7n^3)$
30. $(n + 2n^2) - (4n - 2n^2) + (5n^2 - 3n)$
31. $(3n^2 - 5n^3) + (3n^3 - 4n^2) - (5n^2 - 8n^3)$
32. $(1 - 2x) + (8x^3 + x) + (4x^3 - 6x)$
33. $(5n^2 - 8n^3) - (3n^3 - 6n^2) + (5n^2 - 4n^3)$
34. $(4x^3 + 1) + (x^2 + 2x^3) + (6x^3 + 5x^2)$
35. $(7x^2 + 3) + (8x^2 - 7) - (7x^2 + 3)$
36. $(n^4 - 2) + (3n^4 - 5) + (4n^4 - 1)$
37. $(5 - 4r^4) + (7r^4 + 5) - (r^4 + 5)$
38. $(8k^4 + 4k) + (8k^4 - 2k) - (k^4 + 3k)$
39. $(4m - 2m^2) + (8 + 3m^2) + (7 - 4m^4)$
40. $(6x^2 - 5x) + (8x - 7x^2) - (5x + 7x^2)$
41. $(5v^4 + 3) - (7 - 8v^4) + (v^4 + 1)$
42. $(5 - 5x^3) + (4 - 4x^3) + (8 + 8x^3)$
43. $(n^4 - 7n^2) + (4n^2 - 2n^4) + 4n^2 - 5)$
44. $(2p^3 + 4p^2) - (2p^3 + 5) - (3p^2 - 8)$
45. $(k^3 + 6) + (4 - 2k^3) + (7 - k^3)$
46. $(3a^2 + a^4) + (3a^2 + 5a^4) - (8a^4 + 4a^2)$
47. $(8b^4 - 7) - (5b^2 - 8) + (5 - 5b^4)$
48. $(2n + n^3) - (6n - 6n^3) - (6n^3 + 6n)$
49. $(8x^2 + 4x) - (2x - 6x^2) - (3x^2 + 2x)$
50. $(3 - 7k^2) - (7k^2 - 7k) - (7k^2 - 2k)$

x तथा y का मान ज्ञात करें—

1. $x + 3y = 3$, $4x + 3y = -15$

2. $7x + 2y = 10$, $x - y = 4$

3. $7x - 4y = 28$, $x - 2y = 6$

4. $x - 3y = -24$, $14x - 3y = 15$

5. $x + y = -3$, $x - 2y = -12$

6. $x + 2y = 8$, $2x + y = -2$

7. $9x - 8y = -8$, $x - 8y = 56$

8. $5x - 8y = -8$, $3x + 8y = -56$

9. $7x + y = -6$, $x - 2y = -18$

10. $x - 2y = -4$, $4x + y = -7$

11. $2x + 7y = -49$, $2x - 7y = 21$

12. $3x - y = -6$, $4x + y = -1$

13. $x - 2y = 10$, $7x + 8y = 48$

14. $5x - 9y = -63$, $8x + 9y = -54$

15. $9x - 5y = -5$, $x + 5y = -45$

16. $5x + 2y = -10$, $x + 4y = 16$

17. $x - 2y = 14$, $6x + y = 6$

18. $2x + 7y = 14$, $13x + 7y = -63$

19. $5x - 3y = 18$, $8x + 3y = 21$

20. $x - 2y = 4$, $13x - 6y = -48$

21. $13x + 8y = -56$, $x = -8$

22. $5x - 2y = -14$, $x - 6y = 42$

23. $4x + 3y = -21$, $x - 2y = -8$

24. $2x - 7y = -63$, $5x + 7y = 14$

25. $y = -9$, $17x + 2y = 16$

26. $12x - 5y = -25$, $y = -7$

27. $x = 6$, $5x + 3y = 18$

28. $3x - 7y = -63$, $11x + 7y = -35$

29. $x + 4y = -28$, $5x - 2y = -8$

30. $15x - 4y = 36$, $x - 4y = -20$

31. $13x + y = 9$, $2x - y = 6$

32. $2x + y = 1$, $2x + 5y = -35$

33. $2x - 3y = 9$, $5x - 2y = -16$

34. $9x - 4y = 24$, $3x + 4y = 24$

35. $x + 9y = 63$, $5x - 3y = 27$

36. $x - 4y = 32$, $17x - 4y = -32$

37. $4x - 3y = -15$, $2x + 3y = -21$

38. $x + 3y = -18$, $4x + 3y = 9$

39. $2x - y = -9$, $2x - 9y = 63$

40. $x + 4y = 4$, $9x + 4y = -28$

41. $4x + y = -7$, $x + y = 2$

42. $x + 8y = 64$, $9x - 8y = 16$

43. $7x - 9y = 54$, $x + 9y = 18$

44. $2x + y = 2$, $x - 3y = -27$

45. $4x + y = 5$, $4x - y = 3$

46. $x - 6y = 30$, $2x + y = 8$

47. $5x - 9y = 18$, $x + 9y = 36$

48. $6x - y = 7$, $x - y = -3$

49. $x + y = -6$, $6x - y = -1$

50. $8x - y = 8$, $x - y = -6$

निम्न को हल करें—

1. $2m^2 + 2m - 12 = 0$
2. $2x^2 - 3x - 5 = 0$
3. $x^2 + 4x + 3 = 0$
4. $2x^2 + 3x - 20 = 0$
5. $4b^2 + 8b + 7 = 4$
6. $2m^2 - 7m - 13 = -10$
7. $2k^2 + 9k = -7$
8. $5r^2 = 80$
9. $2x^2 - 36 = x$
10. $5x^2 + 9x = -4$

❑❑❑